新城风貌规划控制的理论与方法研究

吴亚伟 著

中国建筑工业出版社

图书在版编目（CIP）数据

新城风貌规划控制的理论与方法研究 / 吴亚伟著. 北京：中国建筑工业出版社，2025.5. -- ISBN 978-7-112-31094-4

Ⅰ. TU984.2

中国国家版本馆 CIP 数据核字第 20257BT918 号

本书以风貌规划控制的理论与方法为切入点，围绕新城风貌规划编制、审批和实施管理展开研究。运用"问题分析-理论归纳-实证研究-理论总结-实践优化"的方法，结合相关理论实践研究，总结了风貌要素控制（物质形态控制）的陷阱，对城市文化体验型（公共文化政策引导）的风貌规划控制演进方向做出探索。同时，借鉴现代公共管理学、复杂系统科学、价值论等理论，探索与新城风貌塑造要求相适应的风貌规划管理机制与控制方法。最后结合上海虹桥商务区核心区风貌规划管理实证研究，从编制管理、审批及实施管理等方面提出了风貌规划制度保障、机制创新、程序优化、流程再造的相应观点和具体建议。

本书可供风貌规划及城市规划等专业管理（科研）人员、设计人员、学生参考使用。

责任编辑：赵云波
责任校对：刘梦然

新城风貌规划控制的理论与方法研究
吴亚伟　著

*

中国建筑工业出版社出版、发行（北京海淀三里河路 9 号）
各地新华书店、建筑书店经销
北京红光制版公司制版
北京凌奇印刷有限责任公司印刷

*

开本：787 毫米×1092 毫米　1/16　印张：10½　字数：221 千字
2025 年 5 月第一版　　2025 年 5 月第一次印刷
定价：48.00 元
ISBN 978-7-112-31094-4
（43844）

版权所有　翻印必究
如有内容及印装质量问题，请与本社读者服务中心联系
电话：(010) 58337283　QQ：2885381756
（地址：北京海淀三里河路 9 号中国建筑工业出版社 604 室　邮政编码：100037）

前　　言

　　城市风貌是人们对城市物质环境、文化风俗、公众素质的总体印象，是城市发展过程中，自然环境、人造环境和社会环境的总和。对新城（城市新区）风貌规划控制的研究，不仅关系到新城城市风貌（城市形象）的塑造，同时也关系到新城建成后的城市魅力及综合竞争力。新城的发展程度（发展效果）很大限度上取决于新城区域内风貌规划管理与控制引导的结果。

　　当前城市规划管理体系下，风貌规划往往被作为单纯的技术性管理工具来看待。以系统论等理论为代表的，自上而下的风貌要素控制成为我国风貌规划控制的主流方法。理性主义指导的、自然科学方法论为主的控制理论及方法正促使我国的风貌规划走向片面追求"理性、效率、公平"的公共管理，同等重要的城市风貌空间文化价值（观）、公共审美标准协调与引导却频遭轻视甚至无视。

　　作为一种城市治理实践活动，新城风貌规划具有不可忽视（轻视）的客观价值。全球化进程加快的背景下，随着城市风貌趋同、特征相似等问题的出现，"千城一面""一城千面"等城市风貌失落的现象正在加剧。这种情况下，新城建设中的风貌规划不再只是针对城市空间物质形态性的筹划，转而成为城市空间文化领域公共政策的协调统筹，并最终表现为对城市空间文化行为及公众审美的引导或限定。风貌规划的最终作用也更新为引导控制城市空间文化从冲突、退化和无机散乱，走向共生、进化与有机多元。以此为基础，对城市空间文化价值观（空间文化秩序）的引导与限定才是新城风貌规划应有的价值追求。

目 录

第1章 引言 ·· 1
  1.1 研究背景 ·· 1
    1.1.1 政策背景——城市风貌规划与城市特色塑造 ·· 1
    1.1.2 现实疑惑——新城风貌特色趋同背后的管理困境 ··································· 2
    1.1.3 实践背景——新城风貌规划实施研究的缺位 ·· 4
    1.1.4 时代背景——国土空间规划背景下的城市风貌规划 ································ 4
  1.2 主要概念 ·· 5
    1.2.1 新城 ·· 5
    1.2.2 风貌 ·· 5
    1.2.3 风貌规划 ·· 6
    1.2.4 风貌控制 ·· 7
    1.2.5 新城风貌规划控制 ·· 7
  1.3 研究对象 ·· 8
  1.4 研究方法 ·· 8
  1.5 研究内容 ·· 9

第2章 溯源：国内外风貌规划控制的理论与实践 ·· 12
  2.1 国外城市风貌规划控制相关理论发展 ·· 12
  2.2 国外城市风貌规划控制相关实践研究 ·· 13
    2.2.1 英国——设计导则与自由裁量相互补充 ·· 13
    2.2.2 日本——完善的法律体系支撑 ·· 18
    2.2.3 美国——设计导则中的弹性控制 ·· 25
  2.3 我国城市风貌规划控制理论研究动态 ·· 35
    2.3.1 我国城市风貌规划领域的研究内容 ·· 35
    2.3.2 我国城市风貌规划领域的研究方向 ·· 35
    2.3.3 我国城市风貌规划控制的理论研究 ·· 37
    2.3.4 我国城市风貌规划控制的实践研究 ·· 37
  2.4 我国城市风貌规划控制实践研究——以深圳前海为例 ······································ 40
    2.4.1 深圳城市设计实践中的风貌规划控制局限 ·· 40
    2.4.2 面向有效管理的风貌规划控制实践——前海城市风貌和建筑特色规划 ········· 43
    2.4.3 深圳经验总结 ·· 47
  2.5 国内外风貌规划控制实践的有益启示 ·· 47
    2.5.1 开放兼具弹性的控制体系 ··· 47

		2.5.2 制度结合技术的控制方法	48
		2.5.3 层级化的风貌规划编制体系	49
2.6	本章小结		49
第3章	**现实：我国现行城市风貌规划控制体系的相关反思**		**50**
3.1	现行城市风貌规划编制管理体系		50
	3.1.1 我国现行城市风貌规划编制体系		50
	3.1.2 我国城市风貌规划编制管理实例对比		51
3.2	我国现行城市风貌规划编制管理的问题所在		53
	3.2.1 风貌规划编制定义不清、含义不明		53
	3.2.2 经验主义下的"理性"风貌规划编制		53
	3.2.3 风貌规划编制缺乏相应技术规范的指导		54
3.3	现行城市风貌规划审批实施管理体系		54
	3.3.1 我国现行城市风貌规划审批实施体系		54
	3.3.2 我国现行城市风貌规划审批实施管理制度		56
	3.3.3 我国城市风貌规划审批实施管理实例对比		58
3.4	我国现行城市风貌规划审批实施管理的问题所在		60
	3.4.1 非法定地位下的审批依据与保障制度缺失		60
	3.4.2 风貌规划"过程"引导与"结果"控制的割裂		61
	3.4.3 风貌规划控制的审批实施管理困局		61
3.5	现行城市风貌规划管理体系的局限与反思		62
	3.5.1 风貌规划控制的思维局限		62
	3.5.2 风貌规划控制的保障制度缺失		62
	3.5.3 风貌规划控制的目标不明		62
	3.5.4 风貌规划编制的技术不足		63
	3.5.5 风貌规划审查的程序缺位		63
3.6	本章小结		64
第4章	**理论：新城风貌规划控制的理论建构**		**66**
4.1	当前我国风貌规划控制的主要指导理论		66
	4.1.1 系统论视角下的风貌规划控制		66
	4.1.2 风貌规划控制代表性指导理论的再思考		67
	4.1.3 城市风貌规划控制理论的反思与转变		69
4.2	复杂系统论指导下的新城风貌规划控制		71
	4.2.1 系统科学与复杂系统科学		71
	4.2.2 新城风貌规划系统的复杂特性		71
	4.2.3 新城风貌规划控制的复杂特性		72
	4.2.4 小结		73
4.3	新公共管理理论视角下的新城风貌规划控制		73
	4.3.1 公共管理与公共政策		73

    4.3.2 公共政策与风貌规划 ·· 74
    4.3.3 新城风貌的"公"与"私" ······································ 74
    4.3.4 新城风貌规划控制的公共属性 ·································· 75
    4.3.5 小结 ··· 76
  4.4 转向公共文化管理的新城风貌规划控制 ································· 76
    4.4.1 新城文化趋同 ··· 76
    4.4.2 文化与城市风貌 ··· 77
    4.4.3 转向城市公共文化管理的风貌规划 ······························ 78
    4.4.4 小结：公共文化管理视角下的新城风貌规划实践路径 ············· 80
  4.5 价值论视角下的新城风貌规划控制 ····································· 81
    4.5.1 价值论与新城风貌规划 ······································· 82
    4.5.2 新城风貌规划的价值关系 ····································· 82
    4.5.3 新城风貌规划的多元价值博弈与平衡 ··························· 84
    4.5.4 新城风貌规划的价值取向 ····································· 85
    4.5.5 小结 ··· 86
  4.6 本章小结 ·· 86

第 5 章 方法：新城风貌规划控制的优化路径探索 ······························· 88
  5.1 新城风貌规划管理的社会学意义 ······································· 88
  5.2 新城风貌规划管理的保障制度缺失 ····································· 88
    5.2.1 新城风貌规划保障制度的缺位 ································· 88
    5.2.2 建立有效的新城风貌规划保障制度 ····························· 89
  5.3 新城风貌规划编制管理的优化 ··· 90
    5.3.1 基于情境共鸣的新城风貌规划编制 ····························· 90
    5.3.2 基于情境选择的新城风貌规划编制流程再造 ····················· 93
    5.3.3 新城风貌规划编制管理的优化路径探索 ························· 96
    5.3.4 小结 ··· 99
  5.4 新城风貌规划审批实施管理的优化（审批阶段） ······················· 100
    5.4.1 转向公共政策的新城风貌审批管理 ···························· 100
    5.4.2 新城风貌规划审批管理的再认识 ······························ 103
    5.4.3 新城风貌规划审批管理的保障机制搭建 ························ 106
    5.4.4 新城风貌规划审批管理的优化路径探索 ························ 108
  5.5 新城风貌规划审批实施管理的优化（实施阶段） ······················· 118
    5.5.1 基于心理学的新城风貌规划实施管理 ·························· 118
    5.5.2 新城风貌规划实施管理的理论与实践拓展 ······················ 119
    5.5.3 转型中的新城风貌规划实施管理模式 ·························· 122
    5.5.4 新城风貌规划实施管理的优化路径探索 ························ 124
  5.6 本章小结 ··· 130

第6章 实证研究：上海虹桥商务区核心区风貌规划控制实践 ········ 132

6.1 上海虹桥商务区核心区风貌规划简介 ········ 132
6.1.1 上海虹桥商务区核心区风貌规划范围 ········ 132
6.1.2 上海虹桥商务区核心区风貌规划定位 ········ 132

6.2 基于情境共鸣的上海虹桥商务区核心区风貌规划编制 ········ 134
6.2.1 上海虹桥商务区核心区风貌规划控制要素 ········ 134
6.2.2 上海虹桥商务区核心区风貌规划控制内容 ········ 135

6.3 基于启示性控制的风貌规划审批实施：以上海虹桥商务区核心区北片区12-01、10-02号地块为例 ········ 138
6.3.1 项目背景 ········ 138
6.3.2 项目风貌设计要求 ········ 138
6.3.3 项目风貌审批要求 ········ 139
6.3.4 项目风貌评议结论 ········ 141
6.3.5 地块风貌规划控制实效性评价 ········ 142
6.3.6 上海虹桥商务区核心区风貌规划审批实施回溯 ········ 143

6.4 本章小结 ········ 145

第7章 结论与展望 ········ 146

7.1 研究结论 ········ 146
7.1.1 新城风貌规划的价值应被重新审视 ········ 146
7.1.2 新城风貌规划管理问题症结在于控制理论的局限 ········ 146
7.1.3 新城风貌规划乱象的根源在于"结果控制"导向的谬误 ········ 147
7.1.4 探索构建符合公共文化管理特征的风貌规划管理新秩序 ········ 147
7.1.5 探索构建差异化的法定风貌规划控制体系 ········ 148
7.1.6 从多元参与的角度对新城风貌规划管理提出优化建议 ········ 149

7.2 不足与展望 ········ 150
7.2.1 研究范围待拓展 ········ 150
7.2.2 研究方法待验证 ········ 150

参考文献 ········ 151

第1章 引　　言

1.1 研究背景

良好的城市风貌是公众的共同财产，它保证了人们平等拥有享受良好城市景观的权利。作为典型的现代公共管理对象，城市风貌特色问题正受到世界各国越来越多的关注。某种程度上，城市风貌规划管理正担当起维护和创造城市空间文化的公共福利价值，为满足公众对城市视觉环境整体协调性的身心需要、文化诉求提供公共目标、政策推动、政策支持和管理程序的重要职责。

《城市市容和环境卫生管理条例》《城市设计管理办法》《全国国土规划纲要（2016—2030年）》《中华人民共和国城乡规划法》（以下均简称《城乡规划法》）等法律法规的陆续出炉，为当前我国城市风貌塑造赢得了难得的历史机遇期。但在实际操作过程中，"理性"规划下"千城一面""一城千面"等现实难题的频繁出现，推动风貌规划管理（控制）问题被提上日程。

1.1.1 政策背景——城市风貌规划与城市特色塑造

风貌是在城市经济发展、自然文化变迁的过程中，经历了长期发展所形成的城市特质。城市风貌具有的社会属性、文化属性是其作为城市历史文化和社会生活物质载体的根本原因，从某种意义上说，风貌是城市的根基与灵魂。

20世纪90年代以来，我国城市空间建设就已经开始转向对社会、环境等问题的关注，城市规划内涵超越物质空间层面而扩大到城市的经济和社会的发展层面。党中央、国务院也对城市规划建设工作高度重视，党的十六大报告中明确提出"全面建设小康社会"的发展要求；党的十八大报告在"为全面建成小康社会而奋斗"下提出"美丽中国"的建设目标，通过"五位一体"的建设，实现人民对"美好生活"的追求，实现中华民族伟大复兴的中国梦。

2014年发布的《国家新型城镇化规划（2014—2020年）》明确提出了城市发展应注重文化传承，彰显特色，防止"千城一面"的总体要求。2015年12月召开的中央城市工作会议指出，"要加强对城市的空间立体性、平面协调性、风貌整体性、文脉延续性等方面的规划和管控，留住城市特有的地域环境、文化特色、建筑风格等'基因'"。

2016年2月6日中共中央、国务院发布的《关于进一步加强城市规划建设管理工作的若干意见》指出，为实现"城市有序建设、适度开发、高效运行，努力打造和谐宜居、富有活力、各具特色的现代化城市，让人民生活更美好"的总体目标，应强化城市规划管理工作，塑造城市特色风貌的同时，推进节能城市建设，提升城市建筑水平，完善城市公共服务，营造城市宜居环境，创新城市治理方式，切实加强组织领导。2017年3月发布的《城市设计管理办法》中也明确指出，"塑造城市风貌特色是为了提高城市建设水平"，同时强调"能集中体现和塑造城市文化、风貌特色，具有特色价值的地区等区域应当编制重点地区城市设计"。

浙江省于2017年11月30日通过了国内首部"城市景观风貌条例"（以下称"条例"），并于2018年5月1日起施行。该条例将"城市景观风貌"定义为由自然山水格局、历史文化遗存、建筑形态与容貌、公共开放空间、街道界面、园林绿化、公共环境艺术品等要素相互协调、有机融合构成的城市形象"，并明确了"通过编制和实施城市设计""加强对景观风貌的规划和控制引导"。在该条例通过之前，2017年住房和城乡建设部颁布并已于同年6月1日起施行的《城市设计管理办法》，强调城市设计是"塑造特色风貌"、协调景观的有效手段。2018年城市工作会议提出，"城市建设中很好地保留城市文化，已经成为城市建设越来越重视的问题之一；既能建设城市，也能保留城市特色，留住'乡愁'，是新城市建设的必修课题"。2019修订的《城乡规划法》第三十条也明确规定"城市新区的开发和建设，应当合理确定建设规模和时序，体现地方特色"。2020年4月27日，住房和城乡建设部联合国家发展改革委发布了《关于进一步加强城市与建筑风貌管理的通知》，提出"进一步加强城市与建筑风貌管理，坚定文化自信，延续城市文脉，体现城市精神，展现时代风貌，彰显中国特色"的城市规划管理要求，并着重从明确城市与建筑风貌管理重点、完善城市与建筑风貌管理制度、加强责任落实和宣传引导等三方面指明了风貌管理工作的具体方向。

实践层面，不同层级的风貌规划作为当下城乡风貌的主要控制途径也已获得广泛认同。作为城市规划的子系统，城市风貌规划通过对城市文脉和区域发展格局的延续进行规划和控制，使城市独特的地域环境、文化特色、建筑风格等"基因"加以保存、传承和活化，形成独一无二的城市特色；城市风貌规划控制则通过对以"文化基因"为载体的城市空间形态开发建设进行管理，来达到提升城市空间品质的目标。

1.1.2 现实疑惑——新城风貌特色趋同背后的管理困境

随着经济全球化、快速城市化进程的逐渐加快，风貌失落、形象趋同等问题在我国众多城市中显现，风貌特色危机正逐步成为影响我国当代城市发展的重要问题。作为政府经营治理城市的重要手段，具有自身独特个性的城市风貌正在成为城市中的宝贵资源，并且有机会发展成参与全球竞争的独特武器。

2015年开始，我国的城市设计被提升到前所未有的国家高度，其中的城市风貌规划控制成为城市设计的直接关切对象。从另一个角度来看，当前我国城市风貌塑造恰恰正处于难得的历史机遇期，《城乡规划法》《城市市容和环境卫生管理条例》、"美丽中国"政策、《城市设计管理办法》等都明确提出要维护好城市风貌。虽然我国城市规划体制自诞生以来，风貌规划便从未在各级规划编制过程中断绝于耳，但就其实际控制效果来看却喜忧参半，究其原因主要有以下几点：

1.1.2.1 新城风貌规划控制方法的缺位

当前我国历史文化和自然遗产保护区的价值观、标准、类型、案例已形成普遍共识，法律法规臻于健全。但对于广大新城乃至非"遗产"（一般）地区而言，城市风貌是社会精神文化内涵的筹划、塑造、治理的过程，"遗产保护"的管理措施在这些地区无法适用。"千城一面""杂乱无章"背后存在着现代公共管理理论与规划职能部门管理方法之间的差异、风貌管理"目的"与"工具"的不协调，新城风貌极易被"管死"或"管乱"。

1.1.2.2 新城风貌规划编制的局限

现阶段国内城市规划设计实践中对风貌问题的认识往往含糊不清、流于表面。由于我国风貌规划法定地位的缺失，城市风貌规划的编制没有保障性的制度依据。现有体系下的风貌规划编制，更多的是来自于城市设计技术方法下，现状调研基础上融合了规划师自身认知，所编制出的"城市形态的梦幻图景与表格化控制图则结合的"城市发展蓝图。

这种背景下，新城风貌规划编制因循既有的城市规划编制技术，规划师也往往自缚于风貌要素归纳、定性控制、风貌分级、行政许可等城市设计的习惯思维之中，强调科学指标逐层落实的逻辑结构，却忽视了对风貌规划行为中经验事实本身（新城风貌是什么，新城风貌应该控制什么）的解释。

现实背景下，国内一方面缺乏保证良好风貌塑造的法规制度；另一方面缺乏对城市风貌规划控制有效实施方法的深刻认知，利用城市规划过程控制/实现塑造良好风貌目标的诉求依旧难以实现。

1.1.2.3 新城风貌规划管理制度的失效

规划管理属于现代公共行政管理的范畴，遵循公共行政公平、公正、公开的基本法则。20世纪90年代的控制性详细规划通过"强制性＋指导性"开发控制管理在管理实践中很好地适应了大发展的建设需要，同时也产生了管理效能的分化：一方面，以"量化"指标控制为主导的物质性的、普遍性的、可量化的规划控制得到很好的落实；另一方面，以"质性"为代表的非物质性的、独特的、不可量化的部分，在"简政放权""量质并举"的今天，"管"与"放"的矛盾日趋凸显。

城市风貌是城市特色的高度集中，针对其的理性规划编制和自上至下的管理过程很难匹配上升到城市公共文化高度的新城风貌的管理要求。强调刚性管理的合法性往往忽视弹性管理的合理性；重视管理的"效率"往往会忽视新城建设的品质，管理制度与方法的不统一带来了风貌规划控制实践中的"一管就死""一放就乱"的现实难题。

"千城一面""千面一城"的现象已广泛存在于我国各级城市，要逆转这种城市风貌的衰退趋势，首先需要改变的便是基于科学和理性主义的城市规划管理习惯，发展文化

"品质管理"的规划理论、方法和思维模式，努力探索"回归人本"的精神文化发展规律与现代公共管理相统一的特有途径。

1.1.3 实践背景——新城风貌规划实施研究的缺位

城市风貌特色的逐步丧失、"千城一面"等现象的频繁重复，使得城镇风貌特色问题越来越被重视。

近年来，我国的城市风貌规划研究发展迅速，据不完全统计，我国已有近一半以上的地级城市进行了城市风貌规划编制。就已有的研究成果来看，现阶段的风貌规划研究主要有两大方面：一是针对老城区或者传统历史街区的风貌保护研究；二是针对城市风貌规划编制方法的研究，风貌规划管理和实施领域的研究数量依旧甚少。

新城（城市新区）是城市快速发展扩张的结果，新城区域内极高的建设效率、极短的建设周期、多元复杂的开发主体、密集复杂的建设时序等问题给新城特色风貌的营造带来极大挑战。但新城作为城市发展中难得的"一张白纸"，良好的城市风貌因为周边干涉条件的减少，反而具有实现的可能性。因此，新城的发展过程中，探索适合于快速发展建设、操作性强、实施性好的风貌规划控制方法将更易实现。

1.1.4 时代背景——国土空间规划背景下的城市风貌规划

风貌规划同样具有强烈的时代背景需求。2019年5月自然资源部印发的《关于全面开展国土空间规划工作的通知》中明确提出，市级国土空间总体规划审查要点中应包括，"城镇开发强度分区及容积率、密度等控制指标，高度、风貌等空间形态控制要求"；2020年1月自然资源部印发的《省级国土空间规划编制指南（试行）》通知中，再次强调"因地制宜、特色发展"的国土空间规划编制原则，并特别指出"各地可结合实际，开展历史文化传承和景观风貌塑造等专题研究"。以此为指导，2020年以来全国各省、市区陆续印发了基于自身需求的国土空间规划工作要点。以浙江省为例，2020年3月浙江省自然资源厅印发的《2020年度全省国土空间规划工作要点》中明确强调，"严格把关、科学论证，做好现有控制性详细规划实施，加强城市设计工作，塑造城市特色，加强风貌管控，提升空间品质"。国土空间规划的时代背景下，《省级国土空间规划编制指南（试行）》对城市风貌规划提出了明确的技术要求。

当前，城市风貌规划虽然还不是法定规划，但其对于国土空间品质提升、国土资源高效配置具有重要作用。伴随国土空间规划体系的建立，在各级国土空间规划编制中完善风貌规划内容，形成逐级传导的风貌管控机制，并形成"多级"风貌规划、设计编制和管控体系是现阶段风貌规划应有的演进方向。另外，各级政府根据自身特点，编制风貌专项规划，实现对城市风貌管理的同时，加强社会协同与公众参与、并积极探索政府调控与市场配置资源两者之间的关系，通过"刚弹结合"的管理手段来完善风貌规划管控体系，推动风貌规划管理体制、机制创新与治理能力精细化、现代化、法治化也是城市风貌管理发展的大势所趋。

1.2 主要概念

1.2.1 新城

新城（城市新区）的概念，最早可以追溯到英国的新城运动（New Town Movement）中。《大不列颠百科全书》将新城定义为："一种规划形式，其目的在于通过在大城市以外重新安置人口，设置住宅、医院和产业，设置文化、休憩和商业中心，形成新的、相对独立的社会。"随着我国城镇化建设进程的高速推进，经历了城市过度拥挤、人口高度集中、资源环境压力突出等"城市病"的各大城市，相继开展了以"多中心"城市空间布局为诉求的新城规划和建设。

单纯的土地开发活动并非新城开发建设的核心诉求，新城的开发建设往往担负了一定程度的社会意义或者社会政治目标。此外，新城的开发建设往往以公共开发为导向，是为了实现特定政策目标的城市开发建设手段，也是城市整体发展战略的重要组成部分。

1.2.2 风貌

风貌，原是用来描述人的相貌举止、内在气质乃至精神风采等整体状态的文学词汇。城市研究中引入风貌的概念，则是用之描述城市中长期积淀而形成的城市面貌、文化特征、精神气质等难以具体描述的城市特质，即一个城市独特的景观特征。

"风貌"在我国城市规划研究中仍属于一个非规范性的概念，国内学界对"风貌"系列概念也没有一致的定论。"城市风貌""景观风貌"都是国内常用的、代表城市风貌相关概念的名词，这种词汇使用的差异多源于国内外文化差异、语言习惯，甚至翻译等客观因素。

20世纪80年代起，规划学界对城市风貌做出了丰富且各不相同的解释：

张开济认为城市风貌是自然环境和人文环境差异的结果，是城市自然地理和人文特点的反映；唐学易认为风貌涉及历史文脉、自然环境、经济状况、人民习俗、城市规划和建筑风格，是城市发展进程中已形成的特色；池泽宽认为风貌是城市最有力、最精彩的高度概括，具有综合性、概括性、代表性；吴伟认为风貌是人们对城市物质环境、文化风俗、市民素质的总体印象；张继刚认为城市风貌即是指城市的风采格调与面貌景观，由自然要素、人工要素、复合要素等显性物质形态要素以及宗教信仰、民俗民风、城市文化价值观等潜质形态要素两大部分组成；金广君认为城市风貌特色是指城市的社会、经济、历史、地理、文化、生态、环境等内涵所综合呈现出的外在形象的个性特征；蔡晓丰认为城市风貌是通过自然景观、人造景观和人文景观而体现出来的城市发展过程中形成的城市传统、文化和城市生活的环境特征；王建国认为城市风貌特色是历史积淀、自然条件、空间形态、文化活动和社区生活等共同构成的、在人的感知层面上区别于其他城市的形态表征；马武定认为城市风貌特色是由各种自然地理环境、社会与经济因素及居民的生活方式积淀而形成的城市既成环境的文化特征；段德罡认为城市风貌兼具无形的精神面貌特征和有形的实体环境属性；王敏认为城市风貌以城市的自然因素和人文因素为素材，综合体现城市空间环境的视觉样态，折射出城市的形象与特色；戴慎志认为城市风貌既包括体现城市历史文化和人文气质的"风"，也包括展现城市物质空间特色的"貌"，是通过不断地调整适应、动态演化而形成的城市整体景观形象；何镜堂认为城市风貌是一个整体概念，包含城市建筑、空间、景观和居民等方方面面的要素，汇聚为城市外在形象与内在精神的有机统一。

总结来看，国内学者们普遍认为，风貌均概指城市的自然环境特征和人文特点，但不同时期的风貌内涵认知略有差异：

第一阶段（20世纪80~20世纪90年代）：

强调城市空间形态建设不仅仅是物质空间建设，同时也是人文建设。此阶段研究开始关注影响城市空间形态决策背后的历史、经济、政治、习俗、规划制度等人文因素；

第二阶段（20世纪90年代~2000年）：

此阶段研究开始将风貌看作主体的景观审美意象表达，对其规划也开始将人对物（景观）的主观认识及审美融入其中；

第三阶段（2000年以来）：

针对风貌问题的研究开始将切入点转变为城市中的社会生活和历史文化内涵，并试图以此全新视角借由风貌规划解决城市空间环境品质问题。

在前序研究的基础上，本书中的风貌定义总结如下：风貌是城市物质空间所具有的文化特性及上升到精神层面的场所气质，是人们对城乡物质环境、文化风俗、公众素质的总体印象。基于以上定义，本书所指的新城风貌是由建筑群、自然山水与植被、城市道路、城市色彩与材料、广告店招与城市照明等所构成的、区别于其他新城的空间形象特征总和，风貌也因此成为新城品牌和软竞争力的重要组成方面。

1.2.3 风貌规划

规划管理是现代城市管理的重要组成部分，《城市规划基本术语标准》GB/T 50280—1998中将城市规划管理定义为"城市规划编制、审批和实施等管理工作的通称"。自2008年《城乡规划法》实施以来，风貌规划更多地与各级政府的城市规划决策结合，由单纯的规划设计文件向公共政策制定、管理、实施的方向转变。

作为城市规划管理系统的重要组成部分，空间形态管理、物质空间环境中的文化资源整合、城市空间心理感受营造成为现阶段城市风貌规划的重点。换言之，风貌规划不只是物质性的城市空间形态筹划，也包括城市空间文化的公共政策与协调统筹等，它通过对空间物质形态的塑造来体现一个城市的文化风格和水准，进而展现一个城市总体的精神取向。作为城市规划的子系统，风貌规划所担负的独特功能在于"通过物质形态的塑造，提供美的城市景观和城市面貌，从而体现一个城市的文化风格和水准，进而展现一个城市总体的精神取向，或者称之为风貌意象"。在这其中，风貌控制是风貌规划体系中最为重要的环节。

1.2.4 风貌控制

设计控制（Design Control），顾名思义就是对设计过程加以控制。从控制内容来看，设计控制是城市开发的过程中，为营造高品质的城市环境（建筑环境和公共空间），由规划管理部门对建成环境的价值性判断（主要是公共空间审美价值）过程中实施控制的规划管理行为。

沿用设计控制的内涵，城市风貌控制可以看作是城市（区域）开发建设中，为营造高品质的城市物质空间（侧重于整体环境面貌的塑造），依据城市规划体系中控详规乃至城市设计的相关管理办法对风貌塑造实施控制的过程中产生的规划管理活动，即：风貌控制通过对城市空间形态面貌的整体性、文脉延续性等方面的规划和管控，保护、更新和创造城市的文化特征，传承文化，彰显城市特质，提升城市内在品质，促进城市的可持续发展。

1.2.5 新城风貌规划控制

新城（城市新区）是城市快速发展的产物，是城市增量规划中"白纸"上的艺术创作。新城的风貌规划更偏重延续、传承地域文脉基础之上的文化创新。新城风貌与传统地区的城市风貌在内容构成与属性等方面既有交集，又各有不同，相较于城市其他区域，新城的风貌规划研究重点和要素均有其独特性，见表1-1。

新城城市风貌与传统地区城市风貌对比　　　　表1-1

对比内容	新城城市风貌	传统地区城市风貌	比对结果
宏观层面构成	城市总体发展策略、城市风貌总体定位、风貌分区定位、风貌整体空间格局、风貌空间规划政策等	历史传承基础上的城市文化积淀、城市民俗民风展示	不同
中观层面构成	地块风貌规划定位、地块风貌特色说明、风貌的整体性规定、风貌规划控制通则、风貌控制单元及要素、风貌规划与其他阶段风貌的衔接说明、冲突解释等	城市整体风貌保护，传统建筑空间环境和景观维护，不协调建筑的整改要求，对整体形态、建筑体量、风格、色彩、材质等的规划管控要求	不同
微观层面构成	建筑群体组合、建筑风貌的控制引导、公共空间环境、城市色彩、环境小品、公共设施、户外广告等	道路规划红线及街巷控制线、沿街建筑退界、沿线建筑色彩要求、沿街绿化和古树名木保护要求、户外广告及店招要求、城市雕塑与围墙形式及地面铺装等	不同
属性特征对比	开发性、整体性、多元性、再塑性、动态演进性	保护性、整体性、原真性、传承性、发展性	不同

图表来源：根据收集资料绘制。

对新城风貌规划的研究，不仅关系到新城风貌的塑造，同时也关系到新城建成后的城市魅力及综合竞争力，可以说新城的发展程度（效果）很大限度上取决于新城区域内风貌控制与引导的结果。结合风貌规划的基本定义，本书所研究的风貌规划控制是新城风貌规划编制和实施等管理工作的统称，主要包括风貌规划编制、风貌规划审批和风貌规划实施等管理工作。

1.3 研究对象

我国城市风貌规划管理实践中的风貌规划控制是从历史风貌区保护开始的。历史风貌区中需要保护的内容，除了个体的城市要素，如建筑、街道空间外，更重要的是该地区所体现的特殊的城市肌理和城市生活氛围。

与历史风貌区（历史文化街区）的风貌保护不同，新城的风貌规划主要归属于以规划管理为龙头的城市建设管理中，涉及市政（市容）、绿化、水利、林业、农业等多个相关职能部门；新城风貌规划控制，则更偏重于延续、传承地域文脉基础之上的文化创新，通过城市设计方法及相关管理实施过程进行的城市风貌规划控制实践被证明是其得以实现的主要途径。

因此，本书研究的范围主要划定并聚焦于尚未发展成形的新城区域的风貌规划控制，主要是针对新城区域的土地开发建设过程中风貌规划控制的管理研究。为避免概念的混乱，书中未做具体说明的"城市风貌规划控制"指代的都是针对新城的风貌规划控制活动。为提高研究的针对性和可操作性，旧城、历史风貌区、乡村风貌不列入本书的研究范围。

1.4 研究方法

本书通过"理论归纳-实践总结-问题提出-理论建构-问题优化-实证反馈"的研究过程，试图对真正影响新城空间品质的城市文化特征、公共审美价值判断与引导等问题作解答，具体运用的研究方法如下：

1. 理论演绎

理论演绎主要是从复杂系统论、公共文化服务理论、公共管理学、价值论等基础理论及学科原理出发，重新剖析新城风貌规划管理理论与控制方法，并试图以此为基础形成相应的风貌规划控制框架。

2. 文献分析

本书对该法的应用主要体现在两方面：文献综述与比较研究后的理论拓展中，对已出版的论文、书籍中相关理论的梳理、升华；选取的实证比较研究中，对规划实践的原始文本及相关实践结果的分析。

3. 理论归纳

本书的主体内容是对风貌规划控制理论与方法的分析研究，研究思路以比较归纳为主。具体而言，体现在案例研究与所在团队的课题实践等基础上，针对不同案例的相同性质问题的横向比较，包括实践运作体系、不同阶段的方法、实施流程等的综合比较，以及同一案例涵盖的不同阶段的纵向比较等多角度比较。在对理论作推演探究时，也应用了在比较归纳的基础上再演绎的方法。

4. 实证反馈

研究分析国内外城市风貌规划管理现状，借鉴欧美等国家和地区不同体制下城市风貌规划管理的体系及控制办法，突破当前我国城市风貌规划管理的制约，从"散乱多元"到"有机多元"认识城市风貌的文化特征。最后通过跟踪上海虹桥商务区核心区风貌规划控制实践案例，以落地实施的地块单元风貌控制实践进行佐证，增强理论研究的操作指导性。

1.5 研究内容

全书以风貌规划控制的有效性为出发点，紧紧围绕新城风貌规划控制的理论和方法展开，聚焦于以下三大问题对新城风貌规划控制进行研究，即：

1. 风貌的认知角度选择——新城风貌应该规划设计还是引导控制？
2. 新城风貌规划控制应以何种思想为指导？
3. 新城风貌规划控制的优化路径何在？

全书共分七章，其中：

第1章 引言部分，主要介绍新城风貌规划控制的研究背景、研究对象、研究范畴、主要概念、研究问题、研究方法和内容构成。

第2章 从国内外代表性的风貌规划控制理论与实践研究出发，对当前国外城市风貌规划控制过程背后的理论与方法进行了归纳，并将其与我国当前的城市风貌规划控制实践进行对比。结合英、美、日等国的经验，对我国的风貌规划控制体系调整优化给出初步启示。

第3章 对我国现行的规划控制（管理）体系进行相关梳理和反思的基础上，分别从风貌规划编制、风貌规划审批实施等方面提出了现行风貌规划管理体系存在的种种问题。

第4章 为本书的理论建构部分。首先分析了当前我国风貌规划控制背后的主要理论方法，在对系统论、协同论等代表性理论方法进行对比研究的基础上归纳了当前主流风貌规划控制理论背后的种种局限。接下来，从复杂系统论、公共管理学（公共文化管理）、价值论等全新视角对风貌的社会属性、复杂特性、公共属性以及风貌规划应有的价值取向作了重新的梳理。从复杂科学的角度来看，城市风貌的复杂特性决定了自上而下的、一刀切的、层层分解的要素控制必将引发城市风貌的种种问题；从公共管理和公共文化的角度来看，风貌规划管理是一项公共文化政策，集体的空间（场所）体验和公共空间文化意义的解释构成了风貌规划行动的共同愿景，也成为风貌规划政策的新要点；从价值论角度来看，公平与效率的悖论是风貌问题产生的主要原因之一，以风貌规划控制的价值困境为角度，本章较为系统地阐述了当前我国新城风貌规划管理过程中种种问题背后的原因，并将其引申为下一章风貌规划控制优化路径探索的出发点。

第 5 章　首先从社会学出发，对新城风貌规划的意义进行了全新阐述。以此为基础，从风貌规划编制、风貌规划审批实施等层次，对我国现行城市风貌规划管理方法提出优化建议，并形成相关的规划管理框架。其中，风貌规划编制方面应从公共服务的角度去再认知规划编制的角色与作用，调整规划编制方法及对规划编制成果的规范性认知和保障制度建设；风貌规划审批管理阶段，从新公共管理与公共政策的视角重新审视，新城风貌规划审批管理应走向"谋"与"断"的相对分离，同时要尽快形成和构建风貌规划结果法定化与社会参与机制的保障制度；风貌规划实施管理是兼具技术性结果控制和社会性过程管理的双属性管理过程，因而需要遵守两种不同的管理逻辑：理性逻辑分析和感性综合分析。在此基础上，本章最后探讨了如何在现有规划管理体系之下，通过增加政府规划管理职能部门主导主持下的社会协同管理，如风貌委员会制度、风貌审查制度等具体制度，来有效衔接风貌规划管理过程中各个阶段不同程度和层次的社会公众参与，以达到新城风貌社会共治的管理目标。最后以具体单元地块的风貌规划控制作为案例，从规划编制、规划审批实施等环节论证本书所提出的主要观点在风貌规划管理实践中的有效性。

第 6 章　为本书的实证研究部分，选取了上海虹桥商务区核心区的具体单元地块，对其风貌规划控制实践进行总结。

第 7 章　为本书的结论与展望部分。

全书篇章结构如图 1-1 所示。

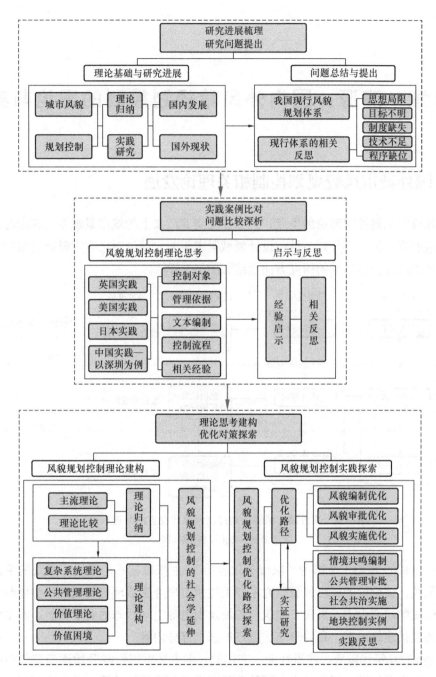

图 1-1 本书研究框架

图片来源：作者绘制。

第 2 章 溯源：国内外风貌规划控制的理论与实践

2.1 国外城市风貌规划控制相关理论发展

国外风貌规划控制理论的发展，一部分围绕着广义上的城市景观相关理论与调控管理的演进展开，另一部分则与城市设计领域紧密相关。通过对已有文献研究的归纳，国外城市风貌规划控制领域的研究方向总结如图 2-1 所示。

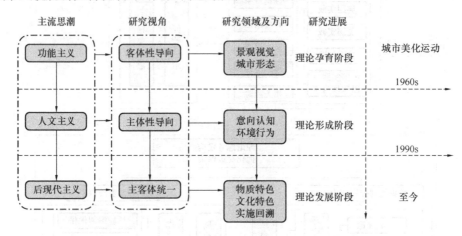

图 2-1 国外城市风貌规划控制领域研究方向及进展总结
图片来源：根据收集资料绘制。

1893～1909 年始于美国的"城市美化运动"，主张以艺术的眼光、景观的手段来塑造城市风貌。该阶段的城市风貌研究主要关注城市户外生活环境的视觉审美体验，以基础性、传统的研究为主，聚焦于建筑与广场及街道等空间形态的美学营造，其中的空间形态主要包括建筑形态、布局形态、城市形态三部分内容。

20 世纪 60 年代以来，注重社会、文化的人本主义思想路线开始逐步替代物质规划为主的功能主义思潮，规划学者也开始重新审视人与自然的关系，城市空间行为研究中也开始强调分析主体与客体的关系。凯文·林奇（K. Lynch）的经典巨著《城市意象》、诺伯格·舒尔茨（Norberg-Shulz）的《建筑意向》《城市风貌设计》等论著，均是从人的认知心理出发，研究人对城市空间与环境的感知以及人的行为和环境之关系及其相互的作用。舒尔茨的《场所精神：迈向建筑现象学》提出场所精神的概念，尝试通过挖掘特定场所或环境蕴含的意义，增强人对客观环境的方向感和认同感；A. Rapoport 在《城市形态的人文方面》（1977）和《建成环境的意义》（1982）中，揭示了建成环境对人的心情和行为的影响以及人与环境相互作用的机制，并对环境蕴含的意义及其对城市风貌塑造的积极作用进行了深入挖掘。

20世纪70年代，政治经济学相关理论被引入城市规划，风貌研究从关注个体行为研究开始转向社会活动研究，列斐伏尔、大卫·哈维等学者开始从政治、经济、文化的角度去剖析公共空间的社会属性。此阶段涉及城市风貌概念的研究主要围绕"城市风貌特色"作论述。其中，H. L. Garnham 在 K. Lynch 归纳的"识别性、结构和意义"这三个城市意象组成内容的基础上，提出城市风貌特色的内容；D. Hummon 将城市风貌特色定义为"一个重要的、标志性的场所"；S. Greene 则认为城市风貌特色是"能反映特殊或独特性品质的环境视觉形象"。

20世纪90年代以后，城市设计与城市风貌之内在联系获得更多关注。N. Taylor 提出美学判断的客观性理论，认为城市风貌构成要素与城市设计完全一致，包括场地自身及周边环境、场地上的地物、由地物构成的空间场所、使用者感知、公众社会行为五个部分；M. Carmona 在《公共空间-城市空间》一书中明确了城市设计"营造好的场所"的根本目标，并从形态、认知和视觉维度对城市设计的社会意义以及公共空间场所风貌调控的目标、方式与实施进行了全面归纳；R. Ewing 和 O. Clemente 通过定量分析及统计验证，总结出意向性（Imageability）、围合性（Enclosure）、人的尺度（Human Scale）、透明性（Transparency）、复杂性（Complexity）等可用于评价城市设计品质的5个特性，并以此为基础构建了以此为评估对象的可操作的评价模型与易于使用的评价手册。此类对城市设计实施后的评价研究恰恰对应了风貌控制要素系统的探索。

西方工业文明以来的现代城市规划理论下，城市风貌研究从城市美化运动到功能主义下的物质空间规划观，再到环境行为研究的人本主义兴起，由于政治经济学的介入，进一步转向了空间社会性与政治性的研究，"形态感知"的风貌规划转向"空间文化"的风貌控制（引导）。

2.2 国外城市风貌规划控制相关实践研究

欧美各国大部分有成熟的通过城市设计运作控制区域乃至城市风貌的具体实践案例。以下从风貌规划控制对象、风貌规划管理体系、规划文本编制、管理流程等方面对其实践经验进行具体研究。

2.2.1 英国——设计导则与自由裁量相互补充

英国是世界上城市规划体系较为完善的国家，也是历史上最早针对城市规划进行立法的国家。明确的法定地位保证了规划主干法的普适性和稳定性，并使之具有纲领性和原则性的特征；规划主管部门所制定的各项从属法规成为实施细则；如遇特定的规划议题则以专项法为依据。此外，由于英国的地方议会仅负责政策实施和地方日常行政事务，并不具备立法职能，中央政府的规划主管部门负责结构规划审批和规划上诉受理的同时，亦有权对地方发展规划和开发控制进行干预。

2.2.1.1 风貌规划控制对象

在英国，不同地区城市风貌的控制策略也明显不同：在历史文化街区等保护地区，全面、详尽、严格的设计控制是必须实施的；除此之外的其他地区通常采取较为宽松的管理态度。

2.2.1.2 风貌规划管理依据——依托城市设计导则并行专项补充文件管理

英国实行中央政府（Central Government）-郡政府（County Council）-区政府（District Council）的三级行政管理体系。与之对应，英国的城市规划体系也分为战略性国家层面和实施性地区层面两个层级的引导和控制。

其中郡政府负责国家层面的结构规划（Structure Plans）编制，编制结果需要上报中央政府的规划主管部门审批；相关法律的制定、国家层面规划政策的颁布和以之为基础的国家层面的设计导则均由中央政府负责，且自动成为地方政府编制地区级空间设计策略和设计导则必须考虑的材料。

相对战略性的结构规划，实施性的地方规划（Local Plans）是城市开发控制的主要依据。按照英国城市规划法的规定，地方规划在保证与结构规划的发展政策相符合的情况下，由区政府负责编制地方规划，且相关的编制成果无须呈报中央政府审批。

从编制主体来看，基于国家设计导则编制的地区设计导则以及基于国家规划政策基础编制的地区空间发展策略均直接由地区政府完成。从管理运作过程的角度来看，包括建筑材质、颜色、群体组合关系的风貌研究报告也作为补充文件（SPD，Supplementary Planning Document）被纳入了法定地位的地区空间设计策略，并与地区内非法定的设计导则互为补充。作为地区空间设计策略的重要原则之一，由于有了明确的法规地位作为保证，设计实施过程中建筑与周边环境关系的协调同样需要风貌报告的指导。

空间设计策略与城市设计导则互为补充的规划管理体系完善和丰富了英国风貌规划的内容，见表2-1。中央集权与地方政府自由裁量的双向特征也由此得以体现。

英国城市规划体系对照关系　　　　　　　　　　表2-1

规划层级	规划名称	编制主体	规划目标	主要内容	法律依据
国家层面结构规划（Structure Plans）	国家规划政策框架	社区与地方部门	简化规划体系并直接指导地方规划	为未来15年或以上时期的地区发展提供战略框架，确保地区发展与国家和区域政策相符合	非法定文件
	重大基础设施项目规划	分管国家部门	划定重大基础设施项目标准并加快审批速度	涉及开发规模、数量、模式、对周边环境影响，以及有效的法定开发人判定	规划法（2008）（Planning Act）

续表

规划层级	规划名称	编制主体	规划目标	主要内容	法律依据
地区层面地方规划（Local Plans）	地方规划	地方规划部门	为项目开发提供依据，使其符合当地居民生活需要	为未来10年的地区发展制定详细政策，包括土地、交通和环境等方面，为开发控制提供主要依据	非法定的补充性规划，设计导则（Design Guides）开发要点（Development Briefs）
	社区规划	教区或镇议会、社区组织等		提出规划意见和建议	地方法（2011）（Localism Act）

图表来源：根据收集资料绘制。

此外值得注意的是，与其他国家详细的、固定标准的城市设计政策不同，英国的城市设计政策制定预留了相当大的弹性以便执行：特定项目类型或者特定地区开发政策的原则和内容一般会分别以设计导则（Design Guides）和开发要点（Development Briefs）等非法定的补充性规划来给出。此时的设计导则和开发要点虽然不是法定规划，但因为其与地区发展策略的一致性，仍是具体开发控制实践中需要切实考虑的因素。

2.2.1.3 风貌文本编制

1. 以色彩规划为例，风貌文本编制前期，首先要进行详尽的色彩调查，并在不同地区采用不同的取样方式：为了保证并明确风貌文本的可操作性，城市中心地区的取样对建筑的结构和材质进行重点关注，并进行精细的色彩调查；城市边缘地区通过远、中、近三个不同层面的粗放式色彩调查，确保建筑色彩与整体环境协调。

2. 关键色彩和局部特色的提取构成初步的区域整体风貌印象，并作为下一步风貌规划实施的基础和依据。

3. 风貌图谱（图则）附加文字的形式形成最终的风貌报告。以色彩运用图谱为例，色彩图则中并没有给定具体的色号，而是采用更为灵活的处理方法，将可能用到的色彩分为保护色、关系色、强调色、协调色、连接色等五方面专项内容，以供应用。

4. 风貌报告作为地区开发的依据以及风貌编制的成果通过地区空间策略补充文件（Supplementary Planning Document）的形式纳入城市设计导则中，以法定导则的地位指导具体的开发建设活动。

2.2.1.4 风貌规划控制流程——依托城市设计实施的管理框架

英国的风貌规划是以规划过程为导向（Plan-Lead）的体系，主要通过管理目标细化和引导过程把控两种方式，将国家层面的规划策略要求落实到地方。其实际运作流程大致如下：

1. 规划申请

首先，需要规划许可的开发活动必须提出规划申请。城市"发展控制小组"（Development Control Team，简称DC小组）负责规划申请中初步合约的签订。

DC小组由规划官员、政策官员、执行官员三类成员组成，是经由政府机构划拨负责公共权益保证和实施的官方机构。其中，规划官员主要负责规划申请的审批并对相关开发项目提供建议和指导；政策官员主要负责政府发展策略框架有关的审核；执行官员主要负责开发计划的审查和监督实施。DC 小组人员的构成和职能划分如图 2-2 所示。

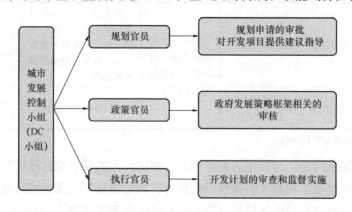

图 2-2 英国 DC 小组人员组成及机构职能
图片来源：作者绘制。

规划申请阶段，DC 小组的主要判定依据是规划法规和通过当局批准的当地规划文件，功能则是确定辖区内的规划申请是否符合公共权益，并确保所有的公共价值属性得以开发和利用。DC 小组的工作流程可归纳为如下：

（1）开发活动的代理机构或申请人首先需要提交对申请项目场地、位置的明晰描述以及简要的设计提案说明，DC 小组会依此判断确定该工程是否需要相关的规划许可证明。

（2）如果必需，DC 小组负责通知申请人（代理机构）缴纳需要报送的费用，并给予申请人相关表格，告知相关流程的同时组织一次规划申请前的预申请会议。在此之后，申请人正式提交规划申请。

如果此阶段规划许可证明是非必需的，DC 小组可直接以风貌研究报告为依据，对开发项目的风貌符合程度进行审批。负责审批的案例官员在收到规划申请之后 10 个工作日内安排相应的审批程序预约，讨论申请人的建议并提供咨询建议。

（3）规划申请过程中，风貌研究报告（包含建议的建筑材料和颜色）会提前交于代理机构或申请人查阅，以辅助其对材料和色彩进行更深刻的认知反馈，但此阶段的规划文件中一般不会出现详细的风貌评估。

此阶段中，一般项目的规划申请由 DC 小组的规划官员来处理；重大项目的规划申请，要上报至地方议会成员组成的规划委员会（Planning Committee），规划委员会听取专业人士评述、社会团体建议和公众意见后方可做出决策。

2. 规划许可

成功提交的规划申请移交由"案例官员"（Case Officer）负责。案例官员同时也是该申请过程中的直接联系人，负责对基地的走访、相关的设计事宜评估和信息反馈。此外，案例官员的职责还包括审查设计方案中的色彩、材质等，并有权对不符合导则要求的规划申请提出修改意见。申请人应该根据修改意见对方案进行调整直至规划申请符合要求。

在英国的城市规划体系下，地方规划只作为建设项目开发控制的主要依据之一，无法直接决定规划许可。城市开发控制过程中，除了要以地方规划文件为主要依据，同时还需要考虑其他的具体情况，并与建设项目相关的社会团体（Interest Groups）或者其他政府部门积极沟通磋商。此外，规划部门在审理规划申请时，除了可以视具体需要附加其他合理的规划条件外，在必要情况下甚至可以修改其中的某些规定，英国规划体系中的自由裁量权（Discretion）由此可见一斑。

3. 规划上诉

英国风貌规划的许可执行过程中，案例官员全权审查的模式无疑是最为直接有效的。充分体现自由裁量特征的案例官员直接负责模式，保证了规划管理过程中的必要弹性空间，但也极易滋生案例官员独断和不负责的决策。

自由裁量的管理模式下，为防止主观行为对规划申请结果判定的干扰，规划申请被否决或者被提出额外附加条件的情况下，申请人可在规定期限内，通过书面陈述（Written Representations）、非正式问询（Informal Inquiry）和正式的公众问询（Formal Public Inquiry）三种形式提出上诉，通常情况下，从提出上诉到举行公众听证会要花费6~9个月。实际操作中，如果必要，开发商会积极通过上诉形成规划案例，即通过所谓的判例法来保护设计代理机构和申请人的合法权利。规划监督署负责审理设计代理机构或申请人以及受规划申请影响的第三方（如环境保护组织）提起的规划上诉，并对地方规划部门的规划审批进行重新审核。

4. 规划协议与执法

规划许可顺利通过后，开发商方可与地方规划部门达成具有法律效力的规划协议（Planning Agreement）。规划协议正式签署前，规划部门仍有机会提出额外的附加条件，比如，在基础设施缺乏或者不足的地区，开发商提供或者完善这些基础设施后，规划申请才能够得以正式批准。为了避免开发控制中滥用规划协议、对开发商提出过分要求等争议出现，环境与交通部明确要求，规划协议的要求应该与开发项目直接有关，否则开发活动就会无法进行；并且，相对于开发项目的规模和类型而言，规划协议的要求必须公平合理。如果规划申请在开发商拒绝规划协议的情况下最终被否决，开发商同样可以提出上诉。

被认定为违法的开发建设活动，规划部门会及时发出"执法通知"（Enforcement Notice）并处以罚款，同时规划部门有权对违法者提出限定期限内纠正或停止违法开发行为的要求。如对执法通知不服，申请者可以提出上诉，上诉期间，开发活动可以继续进行，执法通知暂时无效。若申请者最终胜诉，规划部门会赔偿由于停建造成的全部损失。

英国风貌实施管理流程框架如图2-3所示。

2.2.1.5 小结

以空间设计策略为法律依据的英国风貌规划，最终以法定规划的形式被纳入城市设

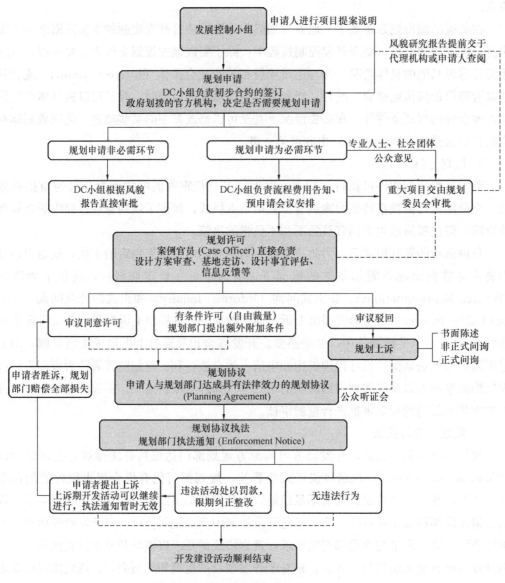

图 2-3 英国风貌实施管理流程框架

图片来源：作者绘制。

计流程框架中。受益于自由裁量的"案例官员"审查程序，英国风貌规划的管理过程确保了足够弹性管理的同时，实现了管理部门对城市开发建设的严格审查和控制。

2.2.2 日本——完善的法律体系支撑

日本具有重视地区风貌与整体地域风景的悠久传统。2004年6月，日本参议院通过了《景观法》《实施景观法相关法律》《都市绿地保全法》三部法律，并于同年12月开始正式实施。以上法律的颁布实施正式将良好的景观上升为"全体国民共同财产"的新高度，日本各级政府开始正式以之为法理依据对城乡景观（风貌）其进行建设与管理

(治理)。

值得一提的是,日本《景观法》所提及的景观(Landscape)是指"与地域、自然、历史、文化和谐,与人们生活和经济活动和谐,并富有地域个性的环境",这与我国《城乡规划法》中所指的"风貌"具有高度类似的内涵,因而日本城市风貌建设过程中的规划体系框架,控制实施技术路径等对我国的风貌规划控制也有重要的借鉴参考意义。

以下从控制对象、管理依据、规划编制、控制流程四方面对日本城乡景观(风貌)规划的实施体系进行概括。

2.2.2.1 风貌规划控制对象

日本城乡风貌的控制引导通过将景观规划区域(Landscape Plan Area)覆盖整个地域范围的方式形成统一的风貌规划体系。其中,景观规划区域又被分为景观地区(Landscape District)和准景观地区(Quasi-Landscape Districts),即"景观形成重点区"(景观基本轴、景观形成特别地区)和"一般地区",并分别加以规划建设,如图2-4所示。

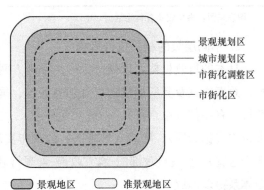

图 2-4　日本城乡风貌规划控制对象示意图
图片来源:作者绘制。

其中,景观地区被定义为"城市规划区域"或"准城市规划区域"内有必要形成良好景观的地区,包括市街化区域(政府规划要优先发展的地区)及市街化调整区域(政府规划要抑制发展的街区);准景观地区则是指旅游观光地区、山区渔村等有条件成为景观地区的非城市规划地区。

2.2.2.2 风貌规划管理依据——法规保护下的景观(风貌)规划管控体系

1. 完善的法律保障制度

日本一直将良好城乡景观(风貌)的营造和管理作为立法的基本任务之一。以《建筑基准法》《都市计画法》《美丽国土政策大纲》和《观光立国行动计划》等国家层面的政策文件为基础,为了进一步营造优美的城市环境,日本政府在2004年着手制定了《景观法》,并于同年12月正式实施。拥有了明确法律地位的《景观法》,成为"进行景观建设活动的法律依据,对促进日本城市景观开发建设的健康发展具有极其重要的作用"。

作为景观建设领域的首部综合性法律法规,《景观法》的实施为日本城乡风貌规划体制提供了法律依据和保障,也很好地促进了日本城市风貌的健康发展,以其为主干法的景观(风貌)规划领域三级法规体系结构依此形成,见表2-2。在政府主导下,由国家级别法律集合地方法规以及都市计划、景观计划等规划技术导则共同构成的风貌规划法规体系,使得日本城乡景观得到了根本性的控制和监督,也让日本的城乡风貌变得更为有序和谐。

日本三级法规体系　　　　　　　　　　　　　　　　　　　表 2-2

法规级别	法规内容	法规级别
一级法规	国土发展综合法、国土利用规划法和国家高速公路建设法等	更高级别法律
二级法规	城市规划法、自然公园法、自然环境保护法、促进农业地区发展法、森林法和土地征用法等	景观法及相关法律
三级法规	历史文化保护区专项法、城市绿地保全法、城市公园法以及相关地方法规	专项法及地方法规

图表来源：根据收集资料绘制。

2. 不同层级的相关执行机构

日本的行政机构可以划分为中央和地方两大部分：中央行政机构即内阁，由内阁机构、总理府（及其所属机构）外加总务省、国土交通省等 16 个内阁部门组成；地方行政机构有一都（东京都）、一道（北海道）、二府（大阪府、京都府）、43 个县（地方办事机构统称为厅）。随着《景观法》的颁布实施，以景观法为支撑，中央管理部门（国土交通省）-直属行政部门-地方政府-景观行政团体-民众等共同参与的景观（风貌）规划体系得以形成。

在此体系内，国土交通省下属的都市整备局是中央层级的风貌行政管理机构，其主要职责除了制定战略性的发展规划（依据国家法律）、颁布规划推进措施之外，还包括为地方提供规划方向和实施政策的指导；地方层级的主管部门是地方都市整备局下属的都市景观部；施行景观行政权力的则是各地方主管机构根据自身情况设立的景观行政团体（Landscape Administrative Organization）。

在景观法等法律的指导下，景观行政团体主要负责制定或修改本地区的法定基础性景观（风貌）规划、色彩规划：一方面负责提出完整的景观发展计划和要求，以指导本地区的城市开发活动；另一方面还可以制定基于景观规划要求的各种施工行为规范，并对后续的建造行为进行指导和审批。此外，由景观行政团体指定的本区域景观整备机构还负责本地区重要建筑物、公共设施的管理与整治，以及特定建设行为的景观（风貌）限定、协定的审核甚至废止。最后，通过景观审议会的形式，组织相关人员对区域内的景观整备机构进行监督指导、对城市发展建设中需要审批的各类项目进行审议也是景观行政团体的应有职责。

自景观法施行以来，截至 2023 年（令和 5 年 3 月 31 日），日本 47 个都道府县，1741 个市区町村共计形成 806 个景观行政团体，并以此为基础，划分了 56 处景观地区、9 处准景观地区，并形成 117 条地区性的规划设计条例（计画形态意匠条例）。

2.2.2.3　景观计画（景观或风貌规划）编制

《景观法》的基本架构中，主要包括了景观规划及其相关措施（制定主体及原则、主要内容、制定程序等）、景观区域（景观地区、准景观地区）、景观条例（或协定）、景观管理机构及处罚措施等六大项目。景观计画（风貌规划）文本的编制内容也围绕此六大项目有序展开：

1. 《景观法》第二章相关条款明确规定了景观计画（规划）是都、道、府、县、市町村等各级地方政府部门推动城镇建设的主要实施计划，由各级景观行政团体制定。景观计画除了明确划定景观规划的区域（即景观区域）外，还包括制定形成景观规划区域内良好景观的各项方针。实际编制中，景观计画往往将划定的景观区域中的建设行为分为必要事项和选择性事项，其中针对区域范围的景观建造原则、限制性行为、重要构筑物或重要树木的位置划定等必要性事项，需为其制定严格的景观规划导则；室外广告的设置与规定、公共设施的限制事项、自然公园法的认可基准等被归为选择性事项。

此外，《景观法》也对景观计画的实施过程及维护机构进行了明确要求，如：景观行政团体制定景观计画时，须先举办公听会，听取当地居民意见；景观计画制定的过程中，必须运用景观协商会等配合居民参与的机制；景观计画提请景观审议会复议之后，如牵涉城市规划区域或准城市规划区域，还需要听取城市规划审议会和直辖县、市的意见决定等；景观行政团体制定景观计画后，也应公告供公众查阅。

2. 景观地区与准景观地区

景观计画的制定过程中，一般会以景观法为依据，明确划分出景观规划区域中的"景观区域"和"准景观区域"，并分别以不同标准和方法加以规划建设，见表2-3。

景观区域与准景观区域的不同控制方法 表2-3

	景观地区	准景观地区
控制范围	"城市规划区域"或"准城市规划区域"内有必要形成良好景观的地区	有条件成为景观地区的非城市规划地区，如旅游观光地区、温泉地区、农山渔村等寨落乡镇等
控制内容	针对区域的类型、位置、面积等进行构筑物形态意向限制，并强化《景观法》在建筑高度、基底面积、绿地面积、土地开发等方面的限制	对地区内的建筑物形态意向、开发行为等进行限制与引导
控制程度	重点控制	一般控制
特殊控制	对于景观地区的重要构筑物、古迹、风景名胜、传统建筑群等一般保持现有建筑的原有风貌	无特殊控制要求

图表来源：根据收集资料绘制。

其中，景观区域的景观规划，除了形成良好的景观策略，还集中在对不利于形成良好景观的行为提出明确约束。另外经全体成员同意，景观区域内土地的所有者以及借地权者，可以通过缔结"景观协定"的形式，明确协定区域的用地范围、必要事项、有效期限，违反协定的处置办法等内容。

3. 由景观区域内土地的所有者以及借地权者所缔结的景观条例（协定）通常包含构筑物、户外招牌、景观绿地，甚至停车场等景观类别，征得当地居民满意的条件下，由土地所有者等私人团体自行组织签订。更为详尽的协议还将包括构筑物的颜色、材料、高度、绿化面积、照明设施等方面的规定。

4.《景观法》还明确了景观整备机构作为建设项目实施监督管理单位的法律地位，并且对违反景观计画的建设行为提出了劝告、撤销、罚款甚至监禁等系列处罚措施。

日本景观计画（风貌规划）制定过程中的文本编制形成了分区域控制的基本模式，针对不同区域内不同规模和特点的风貌引导对象采用不同的管控方式，这种针对不同地区采取不同层级明确规定的编制方法，有效加强了风貌规划的实施力度。

2.2.2.4　风貌规划控制流程——纵向执行、横向开展、多元合作的独特框架

对应日本中央—地方的三级行政体系，日本的景观（风貌）行政管理框架采取的也是中央到地方的管理方式。国家层面的景观法是景观（风貌）规划编制的基础；景观行政团体、景观审议会、景观整备机构等地方机构的多元合作有效保障了地方层面风貌规划的最终实施。

其中作为景观规划实际操作主体的景观行政团体，是经由《景观法》明确规定的景观行政权力施行机构。景观规划区域内，影响景观的开发建设行为发生前，开发者需要提前向景观行政团体申报设计方案与施工方法等内容。

1. 景观（风貌）规划控制实施机构

（1）景观行政团体——制定景观（风貌）规划并指导审批开发建设行为

为避免同一行政区域内都道府县及市町村重复行政的事态，《景观法》明确规定，景观（风貌）规划作为地域景观管治的综合性基础规划，需要由正式的景观行政团体进行独立制定。

作为《景观法》明确定义的施行景观行政权力的行政机构，景观行政团体同时也是景观（风貌）管治的操作主体，其主要职责是针对《景观法》中所规定的区域制定相应的景观规划（《景观法》第二章第一节规定，"景观行政团体"针对其城市或农、山、渔村等地及其周围地区的土地与区域，可以进行"景观规划"）。另外，在景观规划区域进行建筑建设等影响景观的开发行为时，开发者需要将方案设计与施工方法等相关内容向景观行政团体进行申报，经过审查得到授权后，才可以开始相关行为。

另据《景观法》规定，政令指定都市、中核都市可以自动成立景观行政团体；其他的市町村与都道府县协商后，根据都道府县的协议同意可以成立景观行政团体；其他地区都道府县可自行成立景观行政团体。其中，政令指定都市、中核都市以外的市町村想要开始处理新的景观行政事务时，应预先与道府县进行协商。

日本各景观行政团体主要根据国家的相关法律要求开展包含但不限于以下具体内容的工作：

负责制定、修改本地区的景观规划、色彩规划等，并对本地区城市的景观发展提出完整的策略规划和方向性（目标）要求；

根据景观规划要求，制定本地区的各种建设行为准则，并进行针对性的指导和审批；

负责指定本地区的景观整备机构并指导监督其工作；

设立、管理景观审议会，并组织人员对区域内相关的建设项目申报进行审议。

(2) 景观审议会——景观（风貌）协商

日本的景观审议会主要由景观行政团体、公共设施管理者、景观整备机构、相关的其他公共团体、居民等有关人员和机构构成。景观审议会接受市长的咨询，除了调查、审议有关景观建设的重要事项外，还可以提出必要的建议。其主要职能是基于相关法律条例的规定，对需要进行事前协议或申报的景观相关内容进行多方协商让步，最终通过达成一致。协商结果一经批准，相关开发建设人员有义务对结果服从并执行（审议结果）。

日本各地景观审议会的人员数量、组成比例均有所不同，委员组成总体来看，可分为公务人员（主任委员等由市长委任）、专家学者、社会团体代表等，委员数量一般在15名以内（如仙台市13名、长野市15名、茅野市15名）。

以茅野市为例，其景观审议会设会长及副会长各1人，会长代表审议会负责参会人员召集、总理会务，副会长辅佐会长，会长不便出席时代理其职务；景观审议会委员的任期为两年（可连任），前任委员任期结束后方可递补新任委员；此外，茅野市景观审议会对参会出席人数进行了规定，如审议会只有过半数的委员出席才能召开会议、审议会会议的议事结果由出席委员过半数决定，正反双方投票数量相同时，由会长决定；最后，审议会过程中所有的会议流程、委员发言均需进行完整记录并备案。

(3) 景观整备机构——建设项目实施监督

景观整备机构是由景观行政团体所指定的非营利性组织（NPO，Non-Profit Organization）及公益法人团体（如建筑师协会、绿化协会等）担任，其主要工作为向居民提供景观营造相关的必要信息及支持，并负责本地区内景观重要建筑物、重要树木和其他公共设施的日常管理等事务，同时协助景观建设管理部门进行相关的调查、研究工作。

日本中央到地方垂直开展的风貌规划控制体系框架由此形成，框架概括如图2-5所示。

2. 景观（风貌）规划控制流程

由于《景观法》并未对地区层面风貌指导标准的制定做出强制性规定，各地区的景观行政团体可以根据自身具体情况制定景观（风貌）规划，规划内容除了包括建筑色彩和材料等指导标准，还可以附加对优秀建设实例的解释和描述。此外，景观行政团体可依据自身情况对区域内的"景观建设行为"进行管理，具体流程一般包括事前协议、事中审查、过程协调、施工过程样板展示与调整、违法处罚等。

(1) 事前协议

景观审议会是由当地景观行政团体设立的特别机构，负责与开发商、行业专家和当地居民一起审查项目的初步设计。在具体的风貌规划控制实践中，规划建设前开发商应尽早与管理部门取得联系并进行沟通，并在风貌调查的基础上，与当地居民及景观行政团体达成有关景观规划的事前协议（一般在首次审议会开始前60天达成）。此阶段的事前协议制度是城市景观（风貌）规划和管理的重要途径和必经步骤，其实施流程一般如

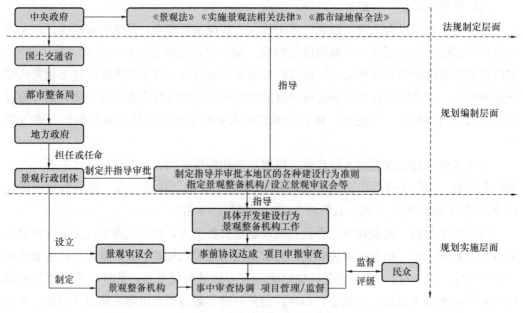

图 2-5　日本城乡风貌规划控制框架图
图片来源：作者绘制。

下：①在城市规划编制的初步阶段或建筑设计的方案设计阶段，就风貌设计要求与土地所有者（企业或政府机构）进行协商；②形成城乡风貌事前协议书，并将结论落实在规划成果中；③然后再按照普通的申报通知制度流程进行审查。

此外，初步事前协议达成后 30 天，需要对最终的设计方案进行汇总，同时通过制定相关施工行为的事前协议，对建筑群色彩的选用再次审核，并予以最终确定。两次审核后，景观（风貌）规划文本中的大多数规定都可以在建筑设计中得到相对准确的落实。

（2）事中审查和过程协调

景观整备机构下的都市景观科负责建筑的高度、形态、外墙材料、颜色、户外设备的处理等具体事项的事中审查与协调工作。

对于重要的建筑色彩申请和审批，施工单位除了需要提供准确的建筑外墙色度、彩度等数值，还应该展示各立面使用的材料和比例。

建筑施工中的协调工作通常也经由景观整备机构完成，通常施工阶段就会对建筑色彩、材料等进行监督。事中审查的过程中，审查人员并不拘泥于风貌规划中参考色彩的要求，而是给予建筑师充分的发挥空间。灵活的审查协调方式，确保了建筑整体风貌的有序，也保证了区域范围内城市风格和特色风貌的多样性。

（3）施工过程样板展示与调整

日本的风貌规划控制实践中，通常会通过材料样本进行建筑颜色和材料的调整和展示。在这个阶段，设计者会对建筑材料的比例关系和色彩之间的组合关系展开讨论，并确保实践中的颜色与规划中的一致，如果有明显差异或遇到建筑师与色彩顾问关于建筑色彩的使用产生矛盾，建筑中使用的材料和颜色需要在建议的色彩范围内进行调整。

(4) 违法处罚

对于项目建设过程中违反或不符合景观（风貌）规划要求的行为，景观行政团体有权发出恢复原状、损失补偿、劝告更改、解除制定、罚款甚至强制执行设计变更等行政命令。

2.2.2.5 小结

日本景观（风貌）规划管理运作过程中，设立并组织了不同级别的专门机构，通过法定效力的事前协议、严格的事中审查协调以及施工途中灵活的现场调整、明确的违法处罚等全过程管理的手段来审核并调整开发方案或设计图纸。上述系列手段的干预保证了风貌要求在设计和开发的全程都可以得到较为充分的协调、讨论并最终施行，从而形成高度协调的建筑群体风貌。

总体来看，日本针对城市风貌的规划控制整体工作架构严谨细致，除了有地方都市整备局下属都市景观部设立的景观行政团体，还包括由景观行政团体指定、设立的景观整备机构及景观审议会等各级专业委员会和执行机构，来确保各项制度的实施。

日本风貌规划中，中央到地方纵向深入、地方政府横向展开、辅以不同利益主体多元合作的方式，对我国的风貌规划体系建构也有一定的参考价值。

日本城乡景观（风貌）规划管理运作全流程总结如图2-6所示。

2.2.3 美国——设计导则中的弹性控制

美国的城市设计实践主要通过区划法（Zoning）中规定的容积率指标、建筑高度、建筑形态等城市设计的基本方法中对开发建设行为进行控制。有奖区划法（Incentive Zoning）施行以后，设计导则在设计控制中变得越来越重要：城市设计导则作为区划法的辅助方法，不仅提供了城市设计中诸多不可度量的设计标准和审查要求的描述，同时成为公众参与的依据。

一般来说，美国主要城市有两种类型的设计导则：规范性和指导性。其中规范性导则规定了环境要素的基本特征和总体要求，是下一阶段设计工作必须严格遵循的模式和依据，易于评价掌握；指导性导则用来描述形体环境的要素和特征，仅用于解释设计要求和意向建议，并不构成严格的限定和约束，故可以提供更加宽松的启发性的创作环境。如在表达对开发强度的控制时，规范性导则会提出容积率的具体限制；而指导性导则仅规定了某一时段内某公共空间的日照要求。

2.2.3.1 城市设计导则的控制对象及内容

1. 控制对象

在美国土地产权私有制的背景下，新建建筑的规划许可由地方政府掌握、设计控制也经由地方政府得以实施，因而城市设计（风貌规划）的调控往往主要针对地方政府管辖范围内的新建建筑，并通过设计导则对其提出与现状（历史）环境协调、与地区整体

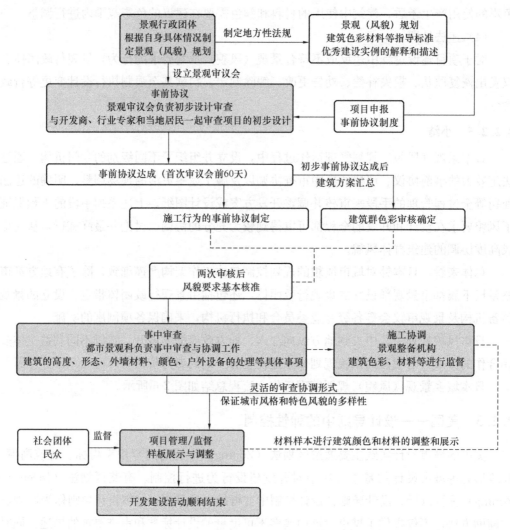

图 2-6　日本风貌规划管理运作过程
图片来源：作者绘制。

发展理念和目标相符、提高设计品质等相关要求。

2. 控制内容

美国不同州的城市设计导则的内容并不相同，但基本上都有不同的层次，如市域性导则、区域性导则和区段性导则。区段性导则中，根据地块大小，导则控制的重点往往也不同：较大地块的控制重点是对开发战略、开发框架和整体形态特征的控制，以西雅图中心区城市设计为例，其主要针对城市的天际线和不同的建筑高度分区进行控制。相对较小地块的控制集中于对特定形式、环境或设计元素的控制，如建筑比例尺度、建筑轮廓、细部材料等。

美国城市设计中设计导则大多是区段性的。针对城市中的不同地段，不同的控制重点、各异的设计导则编制方法，使城市设计导则内容的针对性大大加强，同时也确保了城市形态的丰富多彩。此外，设计导则不仅是区划法的一部分，也是城市设计成果的组成内容，因此在实施管理中具有更强的法律效力。

2.2.3.2 风貌规划管理依据——设计导则下有限理性的弹性控制体系

1. 层级的规划行政体系

美国政府的行政机构包括联邦、州和地方，州以下通常分为县政府、市镇村。县政府是州政府的代理机构，与州政府之间是从属关系。市镇村主要是管辖过小，不具备城市条件的地区，由州政府批准并建立相应的政府机关。各级政府规划机构的组成和任务也不尽相同，具体见表2-4。

美国规划行政体系对照表   表2-4

规划行政体系	机构组成类型	规划目的/内容	典型案例
州规划机构	州长规划办公室	在政策措施方面为州长提供建议并协调州各机构的活动	马里兰州、加利福尼亚州
	内阁协调委员会	协调规划和土地使用有影响的关键部门，协助州长解决在关键的增长与发展方向、州和区域公共设施选址方面的争论	特拉华州
	规划委员会	负责所有的州级规划，涵盖经济增长、资源保护和规划委员会或地方保护和开发委员会	马里兰、俄勒冈州
	规划部门（负责规划功能）	对州长或州规划委员会负责，负责一些州规划，并协助交通等其他有关功能规划的部门。如果立法有规定，该部门负责各种日常工作	乔治亚州
	发展部门的规划处或者资源环境部门的环境处	通过贷款和赠款、旅游宣传、技术援助及帮助企业在该州落户等推动经济发展，规划处于从属地位。同样环境部门规划处着眼资源环境问题，规划其次	密歇根州
区域规划机构	区域规划委员会（通常由当地政府任命的公民组成）	为政府的成员单位编制规划并提供技术援助，有时也管理开发条例（如审查和批准分区图）	涵盖多个州的地域，最典型的是大都市区
	政府理事会（一般由州有关部门及所有地域代表等组成）	比区域规划委员会承担更多的功能，提供更多的服务。例如，在成员同意之前提下，对区域废水处理厂进行管理，以开展应急救护服务等具体事宜	华盛顿都市区政府理事会及加利福尼亚州政府理事会等
	特殊目的的区域机构	有权对环境敏感地区或涉及全州的重要资源区域进行规划与实施开发控制	加州的旧金山湾保护和发展委员会等
地方规划机构	与县、市两级政府管理层级相对应，包括县和市两级规划机构	负责计划并监督新的发展和重建计划，形成土地利用政策，调节、监测并实施县区划条例及分区、露天开采、邻里保护和其他条例。镇土地利用类型调控功能，确保辖区利益	加州阿拉米达县、伯克利市等

图表来源：根据收集资料绘制。

2. 完善的规划运行体系

对应这样的行政机构设置，美国的城市规划体系可概括为以下三个大的层次：州规划——地方综合规划及发展指导纲要——具体规划，每个规划层次的重点和内容均有不同：

(1) 州规划

州规划的主要任务是制定经济发展、土地利用、基础设施建设及环境等战略目标和措施，确立州域共同目标及重点有限发展区。

由于联邦政府没有州规划的立法授权，各州通常各自决定是否通过颁布法律法规来编制空间规划。据统计，1/3 的州编制空间规划、1/3 的州只通过立法或政府文件确定州目标或规划导则、另外 1/3 的州则不编制。

(2) 地方综合规划及发展指导纲要

美国城市规划真正的开端通常都在地方政府（城市、县）这一级别。

城市的总体规划（General Planning）及发展指导纲要（General Planning）是城市或地区发展规划的主要文件。综合规划（时限较长，通常为 20 年），一般包括公共安全、公共设施、交通、环境保护等方面，用以解释说明商业、住宅和工业用地的目标及位置。值得注意的是，综合规划并非具体的设计方案，更多的是一种政策解释。在具体的项目开发建设实践中，还需要对城市下一阶段的综合规划进行具体规划的补充。

(3) 具体规划

考虑到综合规划在短期内不能完全实现，为了提供时间和环境保障，具体规划一般都会通过综合规划与发展计划结合的具体方法，来满足某些领域的具体要求。这类具体规划没有特定的类型，一般是在实践过程中根据所要解决的实际问题而予以选取，规划类型主要包括基础设施规划、城市设计、城市更新、社区发展、交通规划等。

美国的综合规划与我国总体规划有一定相似性，城市设计导则一般是作为可选要素，根据各城市实际情况编制。如旧金山通过城市设计总体规划（Urban Design Plan）将城市设计导则涵盖全市，波士顿就没有这样的设计导则。在长期实践过程中，美国各大城市成功地将城市设计运作过程中对导则的客观要求转变为一套有限理性的弹性控制方法，具体体现在城市设计导则管制的广度与深度两个方面。

3. 设计导则控制的广度与深度

美国城市设计导则控制的广度是明确建筑设计进行引导控制的具体覆盖范围，即确立城市（区域）层面的设计控制需要从建筑设计的哪些元素或部分入手，哪些可以留给设计师自由发挥。换言之即指在这一问题上，城市设计导则并非孤立地着眼于个体或单个元素，逐一指定详细要求；而是采用整体着眼、系统控制的方法，将研究对象作为一个整体，对影响设计的关键部分进行限制。例如，在典型的历史保护地段，屋顶形式是影响设计整体性的关键要素，因此会被列入导则控制范畴；但其却可能不是其他新建区域的导则控制内容。

导则的控制深度，指的是城市设计导则对既定控制内容施以限制、约束的具体程度。控制深度的调整主要有两种方式：规范控制（Prescriptive）与绩效控制（Performance）。规范性导则对建筑高度、建筑立面色彩、材质等具体设计方法进行限定；绩效性导则只对设计希望提供的效果或反映的城市特征进行描述，而不对设计手段加以限制。绩效性导则中采用的过程描述形式，不断鼓励设计者探索"为什么"以及"如何做"，进而达到预期的设计效果。

基于此，美国的城市设计导则控制体系更加侧重于控制的有效性，而舍弃了对控制内容的全面覆盖。绩效性导则限定设计效果而不制约具体途径的思路，使建筑创作得以呈现出合理化的范围取向，同时为项目开发提供了更大的设计灵活性。

2.2.3.3 城市设计导则编制（以圣地亚哥市总体城市设计为例）

美国的城市设计控制和运作过程可以归纳为设计目标（总目标/子目标）、设计原则、设计导则、宣传引导、操作过程和实施机制六大部分。其中前三部分是城市设计导则的控制系统，主要进行控制系统的体系设计建构；后三部分为城市设计导则的运作过程，主要以开发建设管理为主，如图2-7所示。

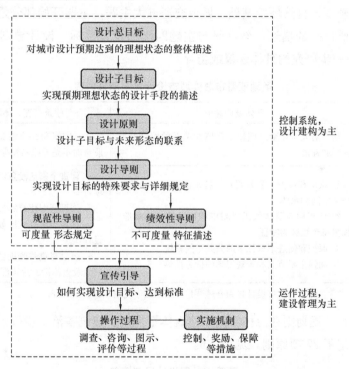

图2-7 美国城市设计控制系统及运作过程

图片来源：作者绘制。

其中，控制系统中设计导则的作用是控制和指导具体项目的设计；运作过程中的设计导则则可以转化为建设项目评审的具体依据，为城市建设管理者提供管理。城市设计导则编制主要有以下阶段的内容：

1. 前期准备：详细的现状调查与设计分析

城市设计导则编制的前期准备阶段，为了对城市现状与规划场所进行彻底的分析，各城市在大区域城市设计时往往需要组织庞大的团队进行详细的现状调查与设计分析。除了常规的基础设施数据和宏观经济信息收集，此阶段同样非常重视现场踏勘和长期跟踪观测，以持续收集交通、景观、城市形象、公共空间利用等方面的相关数据。同时，城市设计参编单位需不断紧跟城市发展的新趋势，对设计导则的编制成果进行不断的修正和补充。如2000年芝加哥城西地区的城市设计编制过程中，除了政府的规划团队的持续跟进，还有超过十个社会研究团体，如芝加哥规划与发展委员会、芝加哥伊利诺大学等一起进行跟踪参与。

2. 编制初期：切实可行的设计目标和原则制定

美国城市设计导则是对城市及相关区域发展目标、原则的延伸与演化，通常包括设计目标、设计导则两个方面。

以圣地亚哥市为例，总体城市设计导则内容主要分为城市整体意象、社区环境、建筑高度体块和密度、自然环境基础、城市交通五大主题，主题开始部分是对该项主题对应发展机会（愿景）的描述，然后是与主题匹配的设计目标、设计导则和标准，见表2-5。最后是下一步研究的具体建议或指导。

圣地亚哥市总体城市设计导则部分内容　　　　表2-5

设计目标	整体设计意象	建筑高度、体块、密度
设计原则	加强对人与环境之间视觉和感知关系的综合开发导则和标准	重新审视和评价相关规则，注重开发质量而不是导则和标准数量
设计导则/标准	1. 认识和保护主要景观点，特别注意与之相关的公共空间和水体 2. 认识建筑群体效果对城市和社区特色的塑造，加强每个社区的特征 3. 保护和促进形成社区的公共空间系统 4. 加强主要节点和景观视觉的标志性等	1. 促进个别地段急需的有意义的开发项目 2. 强调新旧建筑的视觉协调和过渡 3. 在城市重点地段鼓励高水平的建筑设计 4. 鼓励尊重并改进公共空间与其他公共地段整体性的建筑形态

图表来源：金广君. 美国的城市设计导则介述[J]. 国外城市规划, 2001, 2: 8.

西雅图的社区规划则在总体布局、建筑体量控制、建筑整治、步行系统以及景观设计五大方面制定了27项原则，见表2-6。

西雅图社区设计导则清单　　　　表2-6

设计导则		高度优先	低度优先	不优先
A	总图设计			
1	强化场所的现状特征			
2	强化现状街道特征			
3	街道入口的形象识别			
4	鼓励增加街道的活动功能			

续表

	设计导则	高度优先	低度优先	不优先
5	对周边场所的干扰最小			
6	利用人行道及建筑之间的空间创造安全的、私密灰空间			
7	最大限度提供开敞空间			
8	减少步行空间和邻近区域停车与车辆影响			
9	不鼓励街前停车			
10	有效利用街角（建筑而非停车场）			
B	建筑高度、体量与比例			
1	为附近区域提供方便快捷的交通联系方式			
C	建筑元素与材质			
1	补足积极的现状特质			
2	与附近的历史性建筑物呼应			
3	遵循建筑学理念			
4	符合人体尺度和人类活动			
5	耐久、吸引人的、细节考究的材质使用			
6	减少车库入口			
D	步行环境			
1	提供便利的、有吸引力和安全感的步行入口			
2	减少大面积实墙面			
3	减少挡土墙的高度			
4	减少步行区域停车场的视觉与物理干扰			
5	减少车库对视线的影响			
6	对垃圾点、市政及服务设施进行合理遮蔽			
7	考虑个人安全			
E	景观设计			
1	强化社区现有的景观特征			
2	建筑与场所景观的美化和提高			
3	美化利用场所的特定环境			

图表来源：西雅图城市设计导则，1998.

这些设计导则（规划清单）在广泛征求社区居民意见的基础上，利用勾选清单的形式，将设计导则的主要内容转化成设计评审时必须要对照的清单。评审过程中，评审官员按照清单的条目与导则一一对应来评价设计方案。这种评审方式既可以为设计者和规划评审委员会确定评判设计质量的基本原则，也成为管理者、开发商、社区居民和设计者评估设计方案的基本前提。

3. 编制中期：设计导则控制尺度的合理把握

城市规划注重各种指标的平衡，如交通容量、功能区划、土地开发强度等问题；城市设计导则偏重城市形象的描述与控制以及对建筑形式（而非建筑尺度）、户外空间、街墙界面、整体色彩、材质等控制要素的把握与描述，内容表达上应与城市规划有较大区别。

4. 编制后期：设计导则编制成果的清晰易懂

城市设计导则文件由于过于专业，通常会变得深奥难懂、"拒人于千里之外"且缺乏操作性。为了使设计导则更具吸引力且容易被公众所接受并使用，美国各大城市进行了大量的尝试：一是设计内容尽量做到清晰明了，并着力分清和细化强制性指标和建议性指引，避免模糊的概念出现；二是设计意图的表达要简洁易懂，使规划管理官员、建筑师和开发商都能轻松了解控制意图；三是成果形式直观有效，如芝加哥在区划导则中使用简洁的图表形式和大量实例表达设计意图，设计导则变得更清晰更有意义并易于理解，阅读者可以很快地抓住实质、在头脑中建立具体的形象和整体的政策框架，从而有效地控制和引导开发建设。

2.2.3.4 风貌规划控制流程——设计审议程序下的城市设计运作（以旧金山为例）

1. 审议机构——设计审议委员会

设计审议是开发建设项目启动以前对设计方案进行评价的必经过程。在旧金山，设计审议由设计审议委员会负责，设计审议委员会的形式多种多样，成员包括了城市规划部门的工作人员、建筑师、社会团体等。

2. 审议流程

旧金山城市设计的运作实施以区划法（Zoning Regulation）为法律基础：通过《旧金山市规划法规》《旧金山城市总体规划》等城市法规或法定规划确立了城市设计审议（Design Review）作为强制性程序的法理效力，建设项目在通过了审议许可（Design Review Approval）后方可获取规划部门发放的建筑执照、实施建设。在依托区划法为法律基础和城市设计审议为主要实施程序的制度背景下，城市设计运作流程大致可归纳为五个步骤：预申请会议—正式申请—审查程序—审议程序—裁决程序。设计审议的具体流程和审议内容如下：

（1）预申请会议（Pre-application Conference）

正式申请设计审查前，项目申请人应与审议小组负责人取得联系并召开预申请会议，以便详细了解相关导则指南、主要审议流程和必须提交的相关评审材料。旧金山的相关规定中，非住宅用途的项目，项目申请方需提交项目预评估表（Preliminary Project Assessment，PPA），城市设计评价组（Urban Design Assessment Team）负责查阅并给出反馈意见。

（2）正式申请（Application）

在回应前述反馈的基础上，项目申请人填写开发申请，并将审议材料提交给规划部门。有关部门负责通知与本建设项目有关的所有利益团体，如项目所在地的社区组织，并根据正式申请情况，决定其申请是否符合前述原则、判断申请是否通过。

（3）审查程序（Check）

此阶段主要工作内容是申请项目的设计内容与相关导则规定之间的匹配度（Consistency）审查。审议组在听取公众意见的基础上，针对申请项目审查中不匹配的设计内容，给予申请方更多反馈意见，以供其做出修改与调整。申请项目的设计内容经过审查程序的判定，结果合乎城市设计审议依据以及导则的相关要求后，申请人方可将申请正式提交至设计审议委员会（Design Review Committee）审议。作为项目建设必须执行的强制性程序，审查阶段参与的规划部门相关人员必须经过良好的教育培训，公共项目或大型项目的审议过程也应建立正式的多部门协作。

（4）审议程序（Review）

此阶段审议程序一般以审议委员会组织公众听证会的形式进行（Design Review Public Meeting）。审议委员会将审查阶段的正式评估报告与公众意见相结合，以设计导则作为项目公开审议的依据，对项目申请做出许可（Approve）、有条件许可（Approve with conditions）或否决（Deny）的评审意见。评审建议是否作为最终判定结果视不同城市的不同要求而异，部分城市尚需经由规划管理部门对评审意见进行最终裁决。

（5）裁决程序（Decision）

城市规划管理部门根据设计审议委员会提交的评审建议，对项目申请做出许可、有条件许可或否决申请的最终裁决。其中，获得许可的申请项目可从建筑部门获得许可证；规划管理部门审议结果为有条件许可的，进入下一层级的审议程序；被否决的申请项目，经修改后，可以重新提交审议申请，并需再次完成以上程序。不服从裁决的申请方，也可以向有关部门提请进入申诉程序（Appeal）。

鉴于审查与审议程序均以设计导则为核查依据，为加快审查效率，一些小型城市往往在公众听证会阶段将该两个程序结合起来，一次性完成所有的内容审查，以缩短整个过程所需的时间；但大部分城市还是通过将审查与审议程序分开的形式，经由两个不同阶段的评审，最终完成相关审查工作。完整的美国城市设计审议程序主要流程概括如图2-8所示。

2.2.3.5 小结

美国的城市设计控制是"以审查制度为核心，以设计导则为依据，以区划法为依托"的管理模式。城市设计与区划通过以下三种方式相结合：

（1）城市设计要求以条例的形式直接纳入区划法规文件。此类条例控制地块性质、开发强度等传统城市设计内容的同时，以绩效性和规范性导则相结合的方式，全面管理城市开发建设的形式和质量。

（2）城市设计审查制度纳入区划控制体系。作为区划法的一部分，设计审查包括预申请会议、正式申请、审查程序、审议程序、裁决程序五部分。设计审查的范畴、依据等内容在区划条例中也有专门的章节来解释说明。

（3）颁布具有法定约束性的城市设计政策与导则，并覆盖了不同层次和尺度的城市空间，如市域、局部地区和街区等。通过以上三种形式，充满弹性的设计导则与体现规范性规划要求的区划法相辅相成，控制与引导兼具的双重控制机制由此形成。

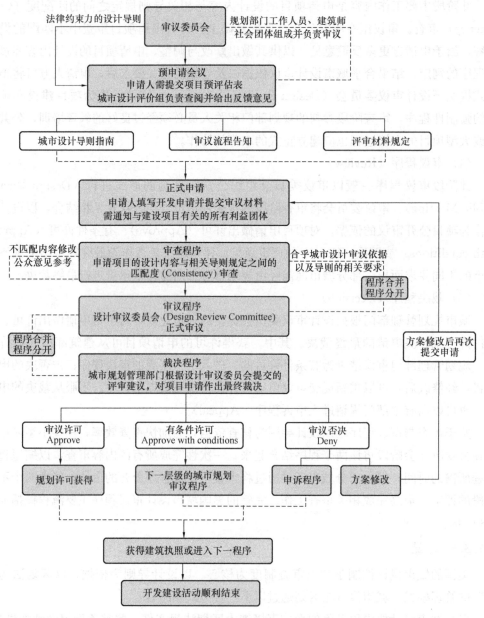

图 2-8 美国城市设计控制系统及流程示意
图片来源：作者自绘。

美国城市设计实践中，设计导则以不同的方式覆盖城市所有土地开发利用。以区划管制为基础，区划管制与城市设计相结合，仅在少数重点地段推进城市设计，并实施城市设计导则形式的重点管控，点面结合的做法值得借鉴。另外，美国现代城市设计导则实质是通过有限理性的弹性控制，在确保设计整体效果与可实施性的前提下，从设计控制的广度与深度出发，减少控制内容、补充控制弹性，为城市设计（风貌规划控制）的实施运作提供长效的支持。

2.3 我国城市风貌规划控制理论研究动态

城市风貌规划控制指的是地方政府或者规划管理部门以塑造良好城市风貌为目的，通过城市规划的技术手段对城市开发建设过程中的风貌规划实施进行控制的管理活动。

根据控制论理论，系统控制实施的完整过程包括以下四个基本要素：控制主体、控制目标、控制内容和控制对象。结合我国城市规划技术体系，在我国，风貌规划的控制主体是规划管理部门；控制目标是构建彰显城市文化特征与性格特色的高品质公共空间；控制内容是风貌规划中的"风貌导则""规划设计条件"等技术规定与法规条例；控制对象则是规划用地范围内的城市开发建设活动。

2.3.1 我国城市风貌规划领域的研究内容

目前，我国城市风貌规划控制的研究主要围绕风貌规划编制、审批和实施等三部分管理工作而展开，相关研究可大致分为理论层面与实践应用层面。其中理论层面可分为两大类型：一种是主要关注城市风貌的基本问题，包括城市风貌概念、范畴等的界定；另一种则是偏重风貌规划的理论研究，主要包括风貌规划的编制方法、特色风貌的引导途径、风貌规划的绩效评价研究等。实践层面，各级省市都在陆续开展城市风貌的专项规划或专题研究。

2.3.2 我国城市风貌规划领域的研究方向

经历了三十余年的城市快速建设热潮，规划学界更加重视对城市风貌建设的思考和研究。细分来看，现阶段我国城市风貌研究的热点主要集中在历史文化风貌保护规划、特色风貌营造、风貌规划编制等理论层面，比较而言，实践层面的风貌规划设计与实施、风貌规划控制的研究则相对较少。

此外，本书所指的城市风貌规划控制是指风貌规划管理体系中的控制实施部分，延展开来主要包括风貌规划编制和风貌规划审批实施两大部分。结合对已有研究成果的归纳梳理，目前，我国城市风貌规划控制领域的理论与实践研究可分为以下几个方向：

2.3.2.1 风貌规划中的控制实施部分

目前，国内关于风貌规划控制实施的理论研究大多结合具体的风貌规划项目而展开。如王哲的"黄岛城市风貌规划为例"实践中，规划者将黄岛划分为七大主题风貌区，针对不同的分区，提出相应的规划管理控制导则，并落实不同的风貌规划内容。吕泱的"韶关山水城市风貌与景观规划研究"、邓鹏的"张家界城市山水景观风貌规划与设计策略研究"也采用了类似方法。

考虑到控制实施的难易程度，纯粹针对风貌规划的控制实施，较为注重对风貌物质要素的控制，很少关注城市风貌中的非物质要素，对风貌规划控制机制、特色引导等深层次的认知也相对缺乏。

2.3.2.2 控制性详细规划层次中的风貌引导

通过增加、完善控详规中空间形态控制范畴的强制性或引导性指标，将控详规中具有法定效力的指标控制体系引入城市风貌规划，保证风貌规划的可实施性是近年来兴起的一种风貌控制新方法。该方法尝试将城市风貌的引导性指标分为建筑形态、公共空间环境和环境设施等不同大类，每个大类又可根据开发建设项目的具体情况继续细分为更详细的若干小类，基本涵盖了所有城市风貌要素。

但整体来看，这类指标性的引导也依然过于强调物质空间形态的塑造，而且往往没有考虑到自然环境、城市文化内涵与空间形式的组合。此外，其对风貌的控制仍是以单元地块的形式在进行，单元地块各自为政的管理方式对城市风貌的整体性考虑相对欠缺。

2.3.2.3 城市设计中的风貌规划控制

20世纪80年代，城市设计对传统城市规划中物质空间形态控制的有益补充，引发了学界对城市设计理论与实践研究的兴趣。20世纪90年代以来，随着国内学术界对城市设计的关注持续增加，国内城市设计研究得到极大丰富，代表性的研究成果包括以下几个方面：

1. 系统地总结国内外城市设计理论与方法，同时拓展了设计管理控制的实施性研究、环境景观艺术等更为多样的研究方向；

2. 城市设计作为贯穿城市规划不同阶段的工作方法，针对城市设计控制与管理实践的深入研究；

3. 除此之外也包括了针对城市设计实施和对城市设计实效、评价的回溯性研究。

以上研究中对城市空间物质形态要素的控制指引与风貌要素的管控有或多或少的交叠之处，但总体看来仍具有较强的针对三维空间形态进行控制的特性。城市设计实践与城市风貌塑造的内在联系，城市设计中的风貌部分控制实施的机制及制度等尚未获得关注；此外，目前城市设计领域对风貌的认识常常局限于历史建筑街区或文化遗产较为突出的区域，针对风貌的研究也多以历史城区的风貌保护为对象，少有面向一般城区的、风貌调控方法论的研究。

总结来看，当前规划学界对城市风貌规划控制问题的研究可大致归纳为以下两大方向：其一是引入系统论、基因论等自然科学方法论，通过科学分析，探讨城市风貌的构成要素，并进行理论归纳和延伸；另一类在介绍具体的风貌规划实践项目之余，总结了具体项目中的风貌规划（建设）实践过程与经验。前一类偏重理论，缺少实际案例来检验，往往流于空谈，且容易偏重于城市物质形态方面（如整体风貌定位、建筑风貌类型分区控制、建筑高度形态等）的研究，对非物质要素（城市文化、城市气质等）的研究普遍缺乏关注，缺乏对城市风貌要素深层次的剖析和控制思想的认识；而后一类局限于特定城市的特定项目，且内容相对空泛、浅显，不利于推广实施。

2.3.3 我国城市风貌规划控制的理论研究

相较于"热火朝天"的城市风貌规划研究，城市风貌规划的实施路径、风貌控制领域理论与方法的研究明显不足。究其根源，城市风貌规划与设计在我国还属于非法定规划，由于规划内容和规划范式没有明确界定，相应的技术成果、理念手法、内容诉求也呈现多元、非定性的状态；同时城市风貌规划的成果内容多以文本＋图纸的形式出现，较难在项目实施中去落实和评定，其实施路径及控制体系更是难以得到系统归纳。

我国风貌规划控制领域的理论与方法研究可归纳为以下几种：

1. 基于系统理论的城市风貌研究

系统科学理论，是目前我国风貌规划研究领域较为全面深入的一种理论。该理论将城市风貌看作一个大的系统，试图通过对系统中不同层次风貌要素的归纳、控制并施以不同的规划方法，主导城市风貌的发展方向。

2. 基于协同理论的城市风貌研究

协同论视角下的城市风貌自组织机制一方面体现在风貌要素的优化秩序层次与结构（即城市风貌系统的自适应演化）；另一方面创新地提出，城市风貌规划管理系统有序协同发展的规律与运行机制研究（即风貌规划控制的流程与路径优化）同样是风貌规划管理的重要内容。

3. 基于城市形态学理论的城市风貌研究

此类研究从城市形态学的角度出发，认为风貌规划的核心目标是引导不同风貌分区的特色风貌形成；研究重点则是城市风貌分区的划分和管理。

4. 基于景观学原理的城市风貌研究

基于景观规划原理的城市风貌规划，将城市风貌规划看作是城市景观的塑造过程。该类的研究，认为城市风貌由景观中心确定、景观轴线及视廊控制、景观序列组织、绿地系统规划、高度控制系统、天际线形成等内容组成。

5. 基于基因学的城市风貌研究

借鉴分子生物学中的"基因"概念，提出风貌基因、风貌控制单元等系列概念，用以对城市整体风貌进行控制引导。此类方法论首先确定影响风貌形成的风貌基因，然后将风貌基因按照一定秩序排列组合，并赋予不同的控制单元，最后根据不同控制单元的风貌属性，结合风貌控制要素，制定相应的风貌规划控制导则。

从总体来看，风貌控制领域的自然科学方法论研究较多，如系统论、基因论等，规划界也普遍习惯了运用自然科学及理性主义的思维模式研究风貌规划管理、风貌控制实施管理等。风貌规划控制指导理论的总结评述将在第四章详细展开。

2.3.4 我国城市风貌规划控制的实践研究

我国的城市风貌规划控制实践，一般都是通过与各层级的城市规划设计相结合的方式间接进行的。从整体来看，目前我国多数城市都进行了城市总体规划，部分城市也有步骤地覆盖了重点区域的城市设计；与之对比，专项城市风貌规划的开展相对较少，风貌控制研究的深度和广度也远远不够。

本书选取了 2009~2019 年间，我国较有代表性的十个风貌规划控制实践项目，从风貌规划目标、风貌控制重点、风貌控制要素、控制特点等方面对其进行了横向比较，见表 2-7。

2009~2019 年我国风貌规划控制实践项目汇总　　　　表 2-7

风貌规划研究名称	风貌规划内容	风貌规划目标	风貌控制重点	风貌控制要素	控制特点
广西南宁市城市风貌规划研究	"一带五线十九区"对南宁的主要城市风貌进行分区	延续南宁特色风貌、展现城市性格	1. 建筑风貌 2. 公共开敞空间 3. 区域天际线、驳岸、街面等内容	高度、色彩、体量与尺度等具体建筑风貌要素；公共绿地、滨水岸线、街道界面、景观标识开敞空间要素	协调区：指标式要素控制 一般区：弹性导控
枝江滨江城市风貌规划设计	"城融山水、活力丹阳、锦绣枝江"，创造"新老"文化交融的城市特色	打造滨江生态廊道，实现历史文化与现代文明的融合、滨江景观与城市风貌的融合	1. 街景风貌 2. 绿化景观改造与岸线处理 3. 城市色彩引导	景观道路类型划分；岸线风貌定位；城市色彩分区、色彩分区规划	分区要素控制
深圳前海城市风貌和建筑特色规划	风貌提升措施和制定实施管理路径来实现世界级湾区标准的水城风貌	山海城相融的天际线、多层级通达滨水的公共空间、精细化的街道出行环境、多元的建筑特色	1. 三级风貌管控制度：总体-片区-地块 2. 四大风貌控制要素：开放空间、特色街道、天际线、特色建筑	1. 风貌定位框架 2. 街墙表情、建筑虚实比等 3. 特色区域周边建筑形式、景观设计特色引导	要素控制+过程引导的差异化管理；管理文件作为土地出让条件
即墨市城市风貌规划	山水定格局、两环锁城池、一轴串三城、两脉连四区塑造山、水、城相融的现代宜居城市	千年商都、泉海即墨，古韵新城、蓝色智谷	1. 山水格局保护 2. 自然风貌保护 3. 历史人文风貌保护 4. 现代城市特色风貌保护	视线通廊保护与景观圈层控制过渡结合	分类、分级、分区的全要素控制体系
上海虹桥商务区核心区风貌规划	主功能区现代低碳新海派；核心区祥云、现代、生态江南等三个风貌分区	国际化低碳商务社区	1. 分区情境意向组合定位 2. 风貌表情控制引导 3. 风貌规划控制实施路径	风貌情境定位-情境组合意向-风貌表情引导的多层级风貌控制体系	启示性控制引导与全过程"柔性"管理

续表

风貌规划研究名称	风貌规划内容	风貌规划目标	风貌控制重点	风貌控制要素	控制特点
克拉玛依城市风貌规划	多尺度的田园地景；普遍空间的现代气质标志空间的高技创意	生态田园、高技创意、现代气质	1. 风貌分区定位 2. 控规单元风貌要素控制	建筑高度、容积率、建筑密度、绿地率、色彩等强制性指标；街道材质、开放空间比例、窗墙比引导性指标	分区要素控制
嵊州市城市风貌规划设计	结合自然人文布局特点，形成二区三片四核五廊多点的风貌构架	山水宜居生态嵊州、人文魅力文化嵊州、繁荣现代活力嵊州	1. 风貌分区划定 2. 重要视线廊道体系 3. 滨水区分级景观控制 4. 傍山区风貌引导 5. 重要轴带景观风貌引导	建筑高度轮廓线进行控制引导；色彩照明广告标示等进行规划引导	分区要素控制
宝鸡市城市风貌控制研究	六大风貌片区、三横六纵风貌轴及多种类型节点	礼乐故里，人文城市、天人合一、山水城市、舒适和谐，宜居城市	1. 风貌分区 2. 风貌次分区 3. 风貌控制单元 4. 风貌控制导则	风貌定位、风貌控制要点、整体空间形态、建筑形态及环境设施等五类风貌要素	风貌控制单元全覆盖，辅以风貌实施保障手段研究
烟台市城市风貌规划	突出"山、海、城、岛"等景观特质，打造滨海"仙"城特色	山海风情、人间仙境	轴带结合，梯级推进的整体风貌格局、风貌特色分区	功能组团、城市轴线、分区风貌引导	分区要素控制
山东广饶风貌规划	一轴、一带、三心、三片的风貌结构	多元立体的特色框架，实现"人文名城、品质绿都"的城市目标	风貌结构-风貌分区-风貌节点的风貌规划层级	街区形态、结构、高度控制、绿地水系等开放空间、雕塑、色彩等引导	分区要素控制

图表来源：根据收集资料绘制。

以此为据，目前我国具体的城市风貌规划实践划分为以下几个主要类型：

1. 以塑造城市形象为目的的综合式风貌规划，如成都市城市风貌特色规划、宝鸡市风貌控制研究、南宁城市风貌规划研究。

2. 以塑造城市特色为目标，以特殊的城市空间格局为切入点的转型式风貌规划研究，如山地城市、滨海仙城、山水营城的风貌规划研究。

3. 偏重于景观规划和生态基础设施的风貌规划，如山东威海城市景观风貌研究实践、张家界城市山水景观风貌规划与设计。

4. 除此之外，还有以城市文化经营、建筑风貌为核心的保护式风貌规划，以系统演化为核心的动态式风貌规划。

此外，越来越多的城市开展了城市风貌的专项规划或专题研究，如天津城市风貌与地域性建筑风格专题研究《北京城市总体规划（2016年～2035年）》等。

风貌规划实施的制度保障方面，越来越多的城市以风貌保护条例等形式保证了风貌规划的合法地位，如《烟台市市区城市风貌规划管理暂行规定》《青岛市城市风貌保护条例》《武汉市历史文化风貌街区和优秀历史建筑保护条例》《成都市城市景观风貌保护条例》《上海市历史风貌区和优秀历史建筑保护条例》等。

总结来看，历经多年发展，我国城市风貌规划控制无论在理论拓展还是实践应用方面都取得了一定成果。理论研究方面，多学科的交叉引入，使得风貌研究领域不断得到拓展，风貌规划控制的研究内容正发生两方面的转变：一是从单纯关注城市物质空间形态向非物质要素涵盖转变；二是从仅关注风貌要素的控制结果转向对城市风貌系统性和内在规律的研究。实践应用方面，城市建设发展过程中，强调和挖掘城市的独特性越来越被管理者所重视，风貌规划控制也正通过与法定规划体系多种形式的有效衔接，逐步改善风貌规划控制的落地难题。

2.4 我国城市风貌规划控制实践研究——以深圳前海为例

深圳是国内最早开展城市设计实践的城市之一，同时也是我国少数严格按照城市规划进行总体控制和实施的城市，早在1998年，就明确将城市设计纳入地方法律文件。

前海位于深圳市南山半岛西部，作为引领湾区、面向世界的国家战略地区，前海肩负着"一带一路"倡议中21世纪海上丝绸之路的枢纽与桥头堡角色，以及国家自贸区先行先试的重大使命。

2.4.1 深圳城市设计实践中的风貌规划控制局限

截至2016年底，前海建设已初具规模，但由于缺少精细化的统筹管控，公共空间被侵占、建筑项目之间缺乏协调管理、街道氛围较差等导致的风貌环境品质不足等一系列突出的现实问题开始浮现；快速建设所导致的建筑风格同质化、航空限高使得原有规划整体天际线被迫改变导致的风貌特色不突出，高速发展的城市新区同样迎来了复杂难解的风貌规划控制难题，具体体现在以下方面：

2.4.1.1 已有综合规划管控的中观层面缺失

前海地区遵循着城市规划的前瞻性、系统性、实用性原则，初步建立的"1主干+6支干+3基础研究"的规划编制体系，实现了各层次规划的全覆盖。其中，"1"是指总体规划、总体发展规划等主干规划体系；"6"指由近期建设规划、单元规划和城市设计、景观及绿化专项规划、绿色建筑专项规划等六大专项规划构成的支干体系；"3"指由政策法规、规划研究、技术标准构成的基础研究系统。

其中，主干规划体系中的《前海深港现代服务业合作区综合规划》（以下简称《综合规划》）是指导前海发展的总体性规划纲领，也是前海当时唯一由市政府批复的法定规划。其编制内容包含区域总体发展的每个方面，并对其中的路网格局、水廊道等影响规划发展格局的关键内容做出指导，成果表达介于规划编制体系中的组团分区规划与法定图则之间。前海地区规划编制体系如图2-9所示。

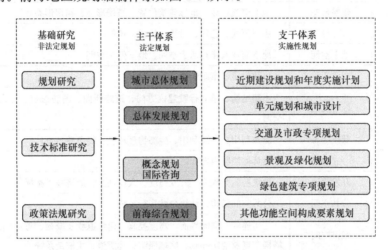

图2-9 深圳前海1主干+6支干+3基础研究规划体系框架图
图片来源：根据叶伟华，黄汝钦. 前海深港现代服务业合作区规划体系探索与创新. 规划师. 2014, 05: 73改绘.

同时，为精细化指导土地开发，综合规划将前海区域划分了22个控制单元。作为综合规划下一层次的单元规划，各单元的规划结构、功能细化、公共空间、建筑形态都得到了深化，单元规划的成果直接成为管理部门进行土地出让和建筑管理的指导依据。但这样"综合-单元"的规划层次，因为缺少了中观层面的风貌控制内容，直接导致了前海风貌规划控制体系的断层。

2.4.1.2 主干——支干规划体系的控制力缺失

风貌规划控制体系的断层也直接导致了规划体系的控制效力缺失：

1. 相对分散的控制内容

作为风貌展现的主要载体，有效风貌控制要素的选取是保证风貌规划有效传导的关键一步。不同地块规划中，各单元的规划编制内容与深度不尽相同，此外，不同的规划单位对空间风貌认知程度的不同，因此，单元规划中没有统一的可管理的风貌控制要素，这直接导致了不同单元之间复杂的控制内容之间缺乏联系（表2-8）。由于分散的风貌控制要素使规划管理部门难以准确聚焦风貌控制点，大大减弱了单元规划的落实效果。

前海部分单元的控制要素及相关控制内容对比　　　　　　　表 2-8

单元名称	风貌控制要素及内容	
2、9	8大控制要素＋33项具体控制内容	
	功能及规模	地块功能、地块数量、开发指标、配套设施等其他要求
	公共空间	公共空间结构、公共空间形态、步行系统控制、绿化面积比例、植物配置、水景、街道家具和街道艺术品、开放要求
	建筑形态	地上建筑退线、地标建筑位置、塔楼形态、裙房形态
	户外广告	店招形式、色彩、材质、位置、比例等
	地下空间	地下商业及步行活力空间、地下停车空间
	市政工程	市政设施、市政管线
	综合交通	道路结构、单向行驶建议方向、道路断面、消防通道、竖向设计、公共交通
	低碳生态	能源利用、资源利用、生态物理环境、绿色建筑设计
8	6大控制要素＋27项具体控制内容	
	开发管理	地块功能与规模、开发强度、人口预测、经济技术指标
	公共空间	公共空间结构、地块公共步行系统
	城市空间	二层连廊、空间界面、高度控制、建筑退线及骑楼、首层建筑空间功能、塔楼布点及消防扑救、区域照明、林荫道、主辅街系统
	综合交通	公共交通、自行车道、交通组织
	地下空间	地下活力空间、地下综合交通
	建筑设计	裙房设计、行人尺度的屋檐线、建筑广场步行道及庭院设计、屋面绿化、空中退台、建筑材料与色彩、建筑顶部与底部细部处理

图表来源：童丹，黄靖云，刘冰冰．以有效管理为导向的城市风貌管控方法研究——以深圳前海为例．共享与品质：2018中国城市规划年会论文集（07城市设计）。

2. 内容繁杂的专项规划

此外，在建设开发过程中前海先后编制了 20 余份专项规划，以便实现市政管网、道路设施等各单项规划与单元规划更好的衔接。统领性的综合规划、22 项开发单元规划和 14 项实施性专项规划的编制，如此庞杂而复杂的系列规划成果大大增加了规划部门的管理难度。

由于管理广度有限，单元规划管理文件中的重要指导内容往往因为工作量太大而被再度搁置，单元规划中的空间意向也流于空谈。

3. 缺乏控制力的控制要素

城市风貌规划控制是从宏观目标建构到微观人性化营造的一项复杂的系统工程，"多而空泛"的管控内容往往会影响风貌规划的最终落实。前海现有的风貌控制内容控制力的缺乏主要表现在以下方面：

（1）前海区域内部分单元规划采用了范式化的街坊控制原则，而并非全单元覆盖，此种控制方式无法直接有效地对接各个单元地块的具体开发，更无法控制各单元的风貌落实。

（2）由于规划编制与项目实施存在时间差，单元规划文件中的《刚弹内容》编制往往缺乏与规划实施的及时对接，导致在规划成果的传导过程中理想与现实的风貌差异较为明显。例如在立面材料控制方面，规划成果建议使用石材等材料与玻璃幕墙相搭配；但由于成本，建设工期等因素，多数开发商仍大面积采用玻璃幕墙，导致建筑形式单一、建筑群体特征趋同。

2.4.1.3　已有风貌规划实施的模糊

风貌专项规划在我国一直游离于法定城市规划体系之外。由于审批标准和实施程序的缺乏，风貌专项规划往往存在编制自身体系层次模糊、组织审批权责不明等劣势。而其与土地出让、建设工程规划许可的毫无关联，导致风貌规划成果常被反复消解，更无法起到控制作用，前海亦是如此。

现有的城市设计管理仍以单元开发为主，"一书两证"作为主要审批工具。由于风貌规划或与风貌相关的城市设计缺乏明确的程序性规定和要求，导致前海乃至全国多数城市的风貌规划往往只出现并存在于规划研究或者文本编制阶段，失去了实施效力的风貌规划，更加无力形成"规划研究—规划成果—控制实施—监督反馈"的全过程有效管理模式。

2.4.2　面向有效管理的风貌规划控制实践——前海城市风貌和建筑特色规划

2.4.2.1　风貌规划控制对象

为保障前海风貌的有效落实，前海城市风貌和建筑特色规划制定了三级风貌管控制度和四大风貌控制要素，如图 2-10 所示。

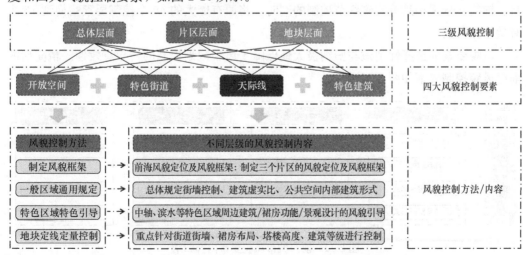

图 2-10　前海城市风貌规划的三大层级和四大要素

图片来源：根据《深圳市前海城市风貌和建筑特色规划》中相关内容改绘。

1. 三级风貌控制

总体层面：重点在于前海风貌的规划意图和风貌要素特色识别的定性描述；片区层面：对重点区域和一般区域进行差异化管理，建立一般区域通用规定的同时，对滨水、中轴等特色区域进行特色引导；地块层面：重点针对街道街墙、裙房布局、塔楼布局及高度、建筑等级等进行地块定线定量控制，有效引导土地开发建设。

2. 四大风貌控制要素

结合前海现有的实施问题和影响程度，重点聚焦天际线、公共空间、街道系统、建筑特色四大要素，对风貌控制要素进行进一步筛选并统筹规划、打造前海水城风貌。

2.4.2.2 风貌规划控制管理依据——法规保护下的城市风貌特色规划

深圳市城市规划条例中，城市设计的管理机构和施行范围都有明确规定：单独编制的重点地段城市设计由规划主管部门负责审查，审查结果需上报至市规划委员会审批。获得批复的城市设计，地段内所涉及的工程建设项目经市规划主管部门及其派出机构（区规划部门）审核符合城市设计要求后，方可获建设用地许可证和批准书。

2.4.2.3 风貌文本编制

城市风貌规划是否可以有效落实，关键在于风貌控制要素是否能精准地契合规划主管部门的管理实效性。

1. 风貌控制要素的提炼和简化

通过现有风貌规划成果的整合，前海风貌文本的编制过程首先将风貌要素聚焦在建筑特色、街道空间、开放空间、天际线四大方面。其次，前海风貌规划文本编制过程中，提炼了建筑虚实比、建筑高度、塔楼分布等影响城市空间品质且具有较高操作实效性的风貌要素，并加强对这类要素的指标刚性控制；最后，将公共空间、主要街道的秩序控制，将建筑退线、街墙长度、裙房等风貌要素统一合并到街墙系统中，弱化街道家具、铺装、景观小品等实施细节控制的同时，将原有庞大的40个控制要素精简到16个有效管控要素。

风貌要素的选择性削减与归纳极大地保障了风貌规划控制的传导有效性。精简后的前海风貌控制要素如图2-11所示。

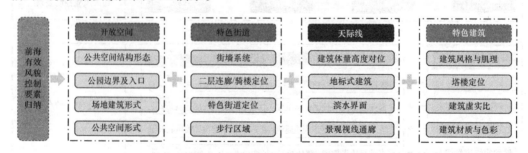

图2-11 前海城市风貌要素内容归纳

图片来源：根据《深圳市前海城市风貌和建筑特色规划》中相关内容改绘。

2. 风貌控制内容的具体量化

当前，我国风貌规划成果最突出的问题就是重定性描述、轻量化控制，这也是风貌规划较难落地的原因。前海风貌规划控制过程中，考虑到规划审批实施的具体需求，尝试性地将传统的建筑形态、建筑肌理、材料与色彩控制等定性引导转译为街道活力、建筑风格、建筑表皮等方面可操作易实施的量化控制，大大提高了风貌控制的实效性。

以建筑表皮量化管理为例：外形简约、建设速度快、造价相对较低的玻璃幕墙建筑，在深圳乃至全国都随处可见，处于高密度建设、快速发展的前海也不例外。由于建设时间接近，建筑与建筑之间往往会出现价值观相似、建筑风格相似、立面单一、地域性特色不明显的情况，相似的玻璃幕墙立面也带来了建筑风貌的单一。以此为背景，前海创新性地采用"虚实比"管理，丰富的建筑表皮，既避免了大面积单一幕墙外观的出现，又使得前海建筑个性和特色的实现成为可能。具体方法如下：

（1）对芝加哥、伦敦、新加坡、中国香港等六个国际城市高层建筑虚实比进行研究的基础上，风貌和建筑特色专项规划明确了前海建筑"虚实比"推荐比例为 50%～60%。

（2）提出通过不同比例的方格板、竖版、横版立面形式丰富建筑表皮，鼓励使用玻璃、钢材、砖、陶土板、石材、混凝土、金属等多元建筑材料通过不同色彩、材料的引导，提供不同虚实比建筑的多元性风格。

（3）为方便管理操作，利用建筑等级分级控制建筑虚实比。例如，地标性建筑立面虚实比鼓励控制为 8∶2，重要建筑的立面控制为 6∶4，肌理建筑的玻璃幕墙比例应在 4∶6 等。每一级虚实比例允许上下浮动 5%，从而保障虚实比的管控内容有效落实。

3. 易操作、可审批的成果文件编制

在设计成果方面，前海通过形成"研究报告＋管理文件"的成果文件，来保障风貌规划有效地传导到规划的各个环节，如图 2-12 所示。

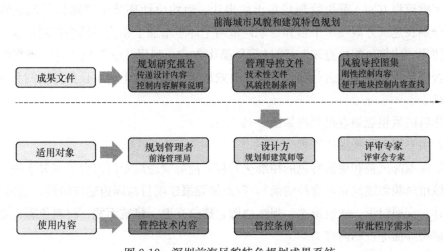

图 2-12 深圳前海风貌特色规划成果系统

图片来源：根据《深圳市前海城市风貌和建筑特色规划》中相关内容改绘。

其中，研究报告是对风貌规划控制细则的解释说明，用以补充和强化各方对设计的理解，重点解释刚弹性规则的由来，使用说明等；管理文件（文本＋图集）作为重要的土地出让附加条件，用于解答城市地块出让和建设开发过程中"不允许怎么建""鼓励如何建设"等问题。这种管理方式为城市开发和建设提供了最低的标准约束，而不是最高的期望，其管理目的不在于确保可以通过控制产生最好的设计结果，而在于通过合理的风貌控制过程引导保障不产生最坏的设计。这种"弹性控制"的工作思路和实践结果也恰恰证明了风貌规划控制中"过程引导"的重要性。

2.4.2.4 风貌规划控制流程

结合规划管理部门的项目审批流程，前海风貌和建筑特色规划在建筑方案审批、土地出让条件等审批环节也进行了大胆创新，以增强不同阶段的风貌审查控制：

1. 差异化的控制路径

风貌控制方面，前海城市风貌和建筑特色规划实施了一般区域和重点区域的差异化管理策略。

在一般地区，为了给予建筑师更多的创作空间，采用"图集＋表格"控制形式，只针对建筑退线、街墙系统、二层连廊等要素进行通则性控制，大大简化了风貌控制内容；重点区域，在一般地区控制的基础上增加了设计细则控制和空间模型辅助引导的过程，通过加大控制力度，对重点地块的管理审批进行严格控制。

2. 规划流程无缝对接

（1）风貌规划与建设项目直接对接

在土地出让方面，前海城市风貌和建筑特色规划项目组协助前海管理局的出让工作，将风貌规划控制条文转化为规划出让条件，形成方案编制依据。风貌规划成果正式纳入建筑用地规划条件，作为建筑设计的编制依据。

（2）审批流程优化

在审批流程方面，前海管理局在土地出让、地块设计环节中增加相关风貌管控内容，并分别在建筑方案技术平台和专家评审两个环节增加了相应的风貌控制审查，同时创新地使用"建筑风貌检查表"（通过简易操作方式，利用"√"或"×"来判断审批内容是否满足风貌要求）进行项目审查，有效地指导了前海土地出让条件编制和建筑方案的审批。

优化后的风貌规划审批程序如图 2-13 所示。

（3）主管部门的精细化管理

为加强前海风貌和建筑特色的精细化管控，前海管理局专门出台了《关于进一步加强前海城市风貌和建筑立面管控的函》，重点加强报建项目与周边建筑协调、总体布局、场地设计、交通组织、建筑形态、视线通廊、建筑高度、建筑面宽、材料色彩、立面虚实比、裙房界面等控制内容。

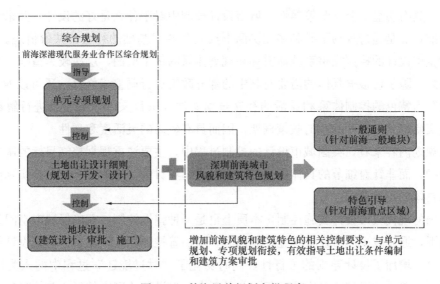

图 2-13 前海风貌规划审批程序
图片来源：根据《深圳市前海城市风貌和建筑特色规划》相关内容改绘。

2.4.3 深圳经验总结

深圳城市设计运作是在地方规划法例与国内"一书两证"规划体制相结合的法制框架下顺利运行的。深圳前海风貌规划控制实践的突出特点，在于其清晰明确的空间控制以及法定的城市设计体制保障，这也是其能取得较高实效性的根本原因。

另外，深圳实践恰恰折射出国内通过城市设计控制城市风貌挑战与潜力并存的现实：

一方面，深圳已建立起国内较领先的、有法律保障的城市设计体系，并探索出了紧密结合建设实施、重视实效性的运作路径，这无疑为国内其他地方建立城市设计体制提供了宝贵的发展经验，同时为风貌调控的系统化、程序化与有效实现提供可靠的框架基础。另一方面，以多层次专项规划和规划研究为支撑的开发单元规划"全覆盖"的规划编制体系受制于各单元地块开发内容、时序和进度的不统一，各层级规划之间的衔接和协调具有较大差异，不可避免地出现综合规划与专项规划的"打架"现象。此外，深圳前海城市设计实践折射出目前国内规划界对城市风貌的理解尚不够深入的尴尬现实，强调"风貌结构"、风貌格局控制，对直接关乎城市风貌展现的街景面的设计调控的有效方法尚未形成、思路也待挖掘。

2.5 国内外风貌规划控制实践的有益启示

2.5.1 开放兼具弹性的控制体系

英国的城市设计体系涵盖了政府、开发企业、专业机构、公众等多元利益主体的价值考量，具有明显的公共政策属性。城市设计控制中对于什么是好的设计，并未形成固定的标准，而是通过规划引导和多元协商形成具备共识基础的社会公共价值观。此外，英国的城市设计的控制完整系统地贯穿在规划体系的每个层面，层次较为清晰。其中的法定规划，除了可根据具体的需要对其中的部分政策进行调整或修订，还可以通过"自由裁量"为特色的控制体系和灵活的补充规划文件（SPD 文件）对政策进行解释和细化，其实质仍是一种开放性的政策框架，因而具有较高的灵活度和弹性。

从规划内容来看，英国城市设计的控制过程中，主要注重规划控制目标的阐述和原则的明确，而非针对细节的具体解释，往往在建设项目的实施阶段才会结合实际情况提出明确具体的设计要求。

美国的现代城市设计实施控制，本质上也是一种弹性控制。在确保城市空间整体效果前提下，通过减少城市设计实施控制内容、增加管控弹性，鼓励个体建筑设计创造发挥的同时，增加了设计导则的可行性，同时弱化了"时过境迁"过程中的人为因素干扰。另外，美国的风貌控制实施过程中，并不会针对设计范围内的每个单体建筑或具体控制要素逐一做出明确的要求，而是采用"整体着眼分层控制"的方法，只针对影响设计的关键部分（要素）加以限制。换言之，美国城市设计控制并不强调内容选择的全面性，而是更注重设计控制的有效性：即有选择地对影响整体设计效果的关键内容做出充分限定，其余非重点因素的效果控制交还设计师自行把握。

当前我国的城市风貌规划控制尚未建立完整的体系，一方面，控详规层面的风貌规划成果依然缺乏施行的法律依据；另一方面风貌规划控制在城市规划体系中依然缺乏延续性，这样的情况也导致大多数地区在总体规划或分区规划中缺乏系统的风貌框架和宏观的城市风貌引导。因此，一方面风貌规划控制的体系结构应逐步完善，并通过与我国法定规划体系的各个层次结合增加其法定效力；另一方面，风貌规划的成果或控制要求也应该以一般规定或者补充文件的形式纳入法定规划许可程序中，保证后续规划建设的实效性和弹性管理的灵活度。

2.5.2 制度结合技术的控制方法

英国项目开发导向的规划许可、设计审查，规划申诉等制度从各方面确保了城市设计控制的合理性和公正性。完善的管理体系和政策制度以及各类设计导则的应用为城市风貌的有序发展以及城市环境品质的提升提供了有效的制度保障和可靠的技术支撑。

日本《景观法》《城市规划法》对景观规划区及景观地区和准景观地区，都有着较为严格的景观管制措施和具体的限制事项。系列法规的实施，保障了景观（风貌）规划的法律的约束性和强制性：区域内景观构筑物的规划和建设要依据《景观法》向景观行政团体提出申请、经过审查得到授权后，才可以开始相关建设行为。严格的景观规划审查和景观建设管理，一定程度上也催生了完善的申报和审查程序。

我国大部分城市的景观（风貌）管理仍从属于城市规划、市容管理等，有效完整的管理体系尚未形成。此外，与风貌规划控制相关的法规多散布在其他法律法规中，地位模糊的风貌规划与法定城市规划体系的关系有待明朗。相对滞后的法律框架，尚未健全的法律内容，导致了风貌规划往往局限于技术文件层面，实践中几乎没有实际效力的尴尬局面。

结合我国城市规划管理中"一书两证"制度，通过借鉴美国、英国、日本的相关经验，构建更规范、完整的风貌规划执行机构及风貌规划审查许可制度，可以更好地指导快速城市化背景下的新城开发建设。

2.5.3　层级化的风貌规划编制体系

长期以来，我国城市开发建设管理的主要工具是层级分明的城市规划体系。不同层级城市规划指导下的城市风貌规划目标、规划审批管理流程、实施操作等也不尽相同：总体规划阶段的风貌规划编制，目的在于从宏观层面把握城市的风貌愿景和发展构想；而详细城市规划阶段的风貌规划编制，目的应是为城市中的具体建设项目提供直接的管理依据，与其相对应的风貌导则编制内容也应该表现为在对城市部分区域进行详细研究后所制定的针对性的风貌设计要求与规定。

在我国这样一个风貌规划还未法定化的国家，旧金山城市设计控制中点面结合的做法可值得我们借鉴：一方面应加快城市总体规划阶段的风貌规划工作，使宏观层面的风貌规划原则覆盖全市各个片区；另一方面应以总体风貌规划原则为依托，根据地方建设需要，以城市中的重点地段、特色地段开始，从大体量公共建筑、地标性建筑等影响城市风貌的结构性、关键性对象着手，展开专门的城市风貌专项研究，形成真正用以指导建设操作的风貌导则，再将相关的风貌要求纳入详细规划阶段的相应规划成果（例如以规划要点或补充性导则等形式进入"一书两证"的建设管理程序）。

2.6　本章小结

本章主要从国内外风貌规划控制领域相关理论与实践发展的角度展开研究，从风貌规划控制对象、管理依据、文本编制、管理流程等方面横向对比了英国、美国、日本、中国（以深圳前海为例）等国的经验和诸多实践探索，并以此为基础归纳总结了国内外经验对我国城市风貌规划控制的有益启示，以期可以对我国新城风貌规划控制方法的优化提供参考与借鉴。

目前，我国的风貌规划研究仍停留在方法论领域，即如何根据城市发展的需要进行风貌规划；进入到认识论领域，目前的诸多研究仅对风貌规划的概念、组成等方面有所涉及，城市风貌的真正价值、复杂特性、内在成因、管理运行机制等更为深入和系统的研究尚未到位。

城市风貌自身的运行规律和复杂特性决定了其演化方向，也影响了风貌规划的控制实施。对风貌规划方法论和认识论的拓展思考，有助于更深一步地揭示城市风貌的真正价值、复杂特性和运行机制，也唯有此，方能更加理性地应对城市风貌规划控制的发展需求。

第3章 现实：我国现行城市风貌规划控制体系的相关反思

目前，我国城市风貌规划控制体系主要由三大部分组成：风貌规划编制、风貌规划审批实施、风貌规划法律法规及条例，其中，风貌规划法律法规及条例暂不在本书的研究范围之内。

3.1 现行城市风貌规划编制管理体系

目前，我国许多城市都在推进建筑风貌规划或城市风貌规划编制工作，这对促进良好城市风貌的形成，起到了很大推动作用，但也存在着内容偏宏观、指导性和实际操作性不强、实施管理难以把握和控制等现实问题。城市风貌规划成果从技术性管理文件向引导性设计要求的本质性转变已成为当前城市风貌规划面临的重要问题。在此背景下，城市风貌规划编制的当务之急在于提高规划成果的可操作性，使风貌规划成果能够在控制城市整体和谐风貌的同时，直接指导建设项目的审批。

3.1.1 我国现行城市风貌规划编制体系

目前我国多数城市风貌规划编制的核心内容都由以下两部分内容组成：一是城市风貌特色定位，即确定城市风貌总体规划目标；二是通过相关的规划设计实践，在实施风貌塑造目标的同时，将城市独特的文化资源与整体空间建设相结合。

3.1.1.1 城市风貌特色定位

城市风貌特色定位是在对城市的自然、人文等社会特色资源的分析和归纳，对城市空间资源的合理分配以及对城市发展趋势的综合判断基础上提出的总体性战略定位。

城市风貌特色定位的表现形式通常是关于城市总体形象的归纳性文字描述，如青岛的城市风貌定位为"红瓦、绿树、碧海、蓝天"；成都的城市总体风貌定位则是"蜀风雅韵、大气秀丽、国际时尚"等。不同的城市，因风貌的影响因素不同，其城市风貌定位也理应有所差异；反过来，城市风貌定位又直接决定了规划师对城市风貌的认识，进而直接影响到城市风貌规划的思路和成果。

3.1.1.2 城市风貌规划层次

我国城市规划编制的完整过程包括两个阶段：总体规划和详细规划。对应我国现行的城市规划管理制度，风貌规划也可以分为总体规划和详细规划两大层次。

3.1.1.3 不同层次的城市风貌规划编制内容

完整的风貌规划编制体系是风貌规划管理工作顺利运行的基础，也是风貌规划成果顺利实施的保障。与具有法定效力的城市规划管理制度不同，现阶段我国的风貌规划仍属于非法定规划，风貌规划多与城市规划不同阶段结合进行。在此基础上，我国的风貌规划编制也对应地分为总体风貌规划-控制性风貌详细规划-修建性风貌详细规划三大层次，不同层次的风貌规划内容和规划目标均有所不同，见表3-1。

我国现行城市风貌规划层次划分及内容归纳　　　表3-1

城市规划层级	风貌规划层级	风貌规划层级	风貌规划目标	风貌规划内容
总体规划	总规层面	城市风貌总体规划	建立完善的城市空间形态和环境风貌体系，塑造具有特色的城市面貌，为城市规划编制和管理提供依据	归纳城市特色，进行风貌空间结构的梳理，重点探讨城市总体发展策略、城市风貌总体定位、风貌分区定位、风貌整体空间格局等
详细规划	控详规层面	城市风貌控制性详细规划	衔接上下层级的风貌规划目标，为建筑风格、城市色彩、建筑高度密度等反映空间品质的要素风貌规划提供控制性或引导性内容	地块风貌规划定位、地块风貌特色说明、风貌的整体性规定、风貌规划控制通则、风貌控制单元及要素、风貌规划与其他阶段风貌的衔接说明、冲突解释等
详细规划	修详规层面	城市风貌修建性详细规划	对城市地段（地块）进行详细的风貌控制，与建筑设计、街景设计结合。规划成果直接指导建设活动	风貌文化意义解释，公共空间的风貌标准、建筑风貌的控制引导、城市色彩、环境小品公共设施、户外广告等要素的控制引导

图表来源：根据收集资料绘制。

鉴于每个城市的城市特质、规划管理部门权责划分、领导者对城市风貌的认知都有所不同，风貌规划编制的过程中，编制单位不仅应注重与各级规划管理部门的深层次沟通，在有条件的情况下也应广泛收集社会各界的意见，综合论证的基础上，针对不同城市或者城市内不同地区的实际需求，进行"定制化"的风貌规划编制服务。

3.1.2 我国城市风貌规划编制管理实例对比

为对当前我国的城市风貌规划管理体系进行更为深入的了解，本书选取了国内较有代表性的五个风貌规划控制实践项目，从风貌规划编制的具体方式、内容进行对比。选取的五个典型项目，均为我国东部新城，城市等级不尽相同，分布地域也从南到北，针对其风貌规划的编制阶段、编制特色、成果形式、风貌要求的对比，具有较为典型的现实意义。

其中，风貌规划编制管理阶段的实例对比见表3-2。

我国城市风貌规划编制管理阶段实例对比　　　　　表 3-2

风貌规划编制管理实践	集美新城城市建筑风貌规划 2013	通州新城建筑风貌分区管制总体策略	宁波南部商务区核心地块详细规划和城市设计导则	深圳前海城市风貌和建筑特色规划	上海虹桥商务区核心区风貌专项规划
有无专项风貌规划	无	有	无	有	有
风貌规划控制所属阶段	概念性城市设计阶段之后	城市设计阶段	概念性城市设计-城市设计深化-建筑空间形态深化反复修改论证后	城市总体规划-前海综合规划之后	控详规与城市设计之后
整体风貌定位	环湾生态型新城	五流交汇，绿廊通水，河源古埠，水岸新城	宁波最具活力的高端商务区	21 世纪活力水城	低碳商务示范区
风貌规划编制层次	1. 整体风貌格局 2. 分项风貌特色引导	1. 总体控制与引导 2. 分区风貌控制与引导	1. 建筑高度 2. 建筑体量尺度 3. 重要界面 4. 公共空间系统 5. 景观灯光设计、标志标识	1. 风貌整体建构 2. 特色风貌分区	1. 城市风貌意向性描绘 2. 风貌特色定位 3. 特色风貌分区
风貌规划控制内容（风貌要素）	1. 建筑风貌分区 2. 建筑风貌控制导则 3. 建筑材质 4. 建筑色彩 5. 开放空间特色 6. 岸线规划 7. 天际轮廓线	1. 明确风貌空间结构 2. 划分特色风貌单元 3. 控制整体建筑风格 4. 协调引导建筑色彩 5. 运河天际线、地标建筑打造	1. 建筑高度 2. 体量尺度 3. 重要界面以及公共空间系统的整体设计手法	1. 三级风貌控制 2. 四大风貌控制要素	1. 建筑 2. 景观环境 3. 街具设施 4. 夜景照明
风貌规划编制方式	总体-分区-分项	总体-单元-分项	总体-分项-总体	总体-片区	地区-片区-地块
风貌规划引导要求	1. 严格的建筑形式控制导则 2. 建筑色彩、材质提供建议 3. 点线面的开放空间层级 4. 岸线规划布局 5. 近、中、远景层次丰富的轮廓线景观	1. 划分建筑风貌分区 2. 建筑高度控制、色彩意向 3. 分区控制导则（风貌定位、节点控制、公共服务体系、建筑高度色彩形式等改造策略）	1. 主街区尺度、单元地块尺度划分 2. 建筑高度控制 3. 地标建筑控制 4. 重要界面天际线控制 5. 滨水廊道水街等公共开放空间规划	1. 山海城相融的天际线 2. 多层级通达滨水的公共空间 3. 精细化的街道出行环境 4. 多元的建筑特色四大要素	建筑体量、形体、高度与天际线、建筑色彩、建筑立面材质、底层设计及其他等要素分项

续表

风貌规划编制管理实践	集美新城城市建筑风貌规划 2013	通州新城建筑风貌分区管制总体策略	宁波南部商务核心地块详细规划和城市设计导则	深圳前海城市风貌和建筑特色规划	上海虹桥商务区核心区风貌专项规划
风貌规划编制特色	政府主导,风貌要素融入城市设计导则	风貌控制要求纳入土地出让条件	城市设计导则中的相关内容作为地块规划设计条件	风貌规划控制条文转化规划出让条件	风貌专项规划作为技术补充文件纳入土地开发出让条件
风貌规划编制成果形式	图集+导则	图集+导则+文本	图集+导则	研究报告+管理文件(文本+图集)	文本+启示性图则+规划审批实施管理探索

图表来源：根据收集资料绘制。

从对比结论来看，我国目前的风貌规划编制并无统一的规范作为指导，因而风貌规划编制出现的层次、编制方式、编制成果等也各不相同。一方面，大部分控详规层面的风貌规划成果仍仅聚焦于总体风貌定位、风貌分区划分等系统论视角下的风貌规划控制内容，无法真正地指导开发建设实践活动；另一方面，现行的风貌规划编制成果多数仍停留在"蓝图式风貌愿景+表格化的控制导则"阶段，对于深层次的风貌规划成果落地实施、保障机制、事后监督管理等方面较少涉及，风貌规划的可实施性大大减弱。

3.2 我国现行城市风貌规划编制管理的问题所在

3.2.1 风貌规划编制定义不清、含义不明

当前，学术界对"风貌"及"城市风貌规划"仍未有统一的定义。风貌规划定义和内涵的不清晰，使得委托方及规划管理部门对风貌规划的理解往往偏宏观；风貌规划目标的模糊，又容易导致风貌规划成果与委托方预期目标的不符；最后，遵循普适性原则基础，自上而下制定的风貌导则编制内容偏向往往较为随意，语言也相对笼统，这些都直接导致了风貌导则难以与管理制度性语言或者法律性语言对接，从而难以落实。

此外，城市风貌规划是一项复杂而全面的规划，需要不同背景、不同部门专业人员的共同参与，对风貌规划认知层次的不同，一定程度上也造成风貌规划编制在理论、技术、方法、表现、管理等方面的巨大差异和形式混乱。

3.2.2 经验主义下的"理性"风貌规划编制

我国现行的城市规划技术标准大多是在"大建设大发展"时代建构起来的，主要是针对一般性的新增行为。在缺乏成熟编制方法的情况下，规划师往往自缚于风貌要素归纳、定性控制、风貌分级、行政许可等城市设计的习惯思维之中，强调科学指标逐层落

实的逻辑结构，却忽视了对城市风貌规划行为中经验事实本身（风貌是什么，风貌应该控制什么）的解释。此外，由于风貌本身定义的不尽清晰，规划者对风貌要素的指定、风貌符号意义的分析与判断具有明显的经验主义特征，并试图将城市风貌规划简化为系统逻辑论证或简单科学推导的过程。

3.2.3 风貌规划编制缺乏相应技术规范的指导

风貌规划中空间文化价值、美学价值等社会人文性要素的凸显决定了其与其他空间规划系统的根本性不同。由于缺乏系统的编制技术，城市风貌规划编制成果往往是高度抽象的，对于特定地块和风貌要素的设计要求、控制内容都没有相应的精确表述，后续的风貌审批实施管理因此难以聚焦。此外，现阶段的风貌规划成果中有太多的描述性原则和过分少的绩效标准，审批管理者对风貌规划成果的理解难以统一，直接导致了审批管理人员裁量标准的主观不确定性，也给管理部门的监管督察工作增加了难度。

3.3 现行城市风貌规划审批实施管理体系

3.3.1 我国现行城市风貌规划审批实施体系

作为城市规划体系中重要的行政管理措施之一，审批实施管理也是规划主管部门依法进行城市规划管理的主要依据。现行城市风貌规划审批管理主要是通过加强对建设用地"一书两证"中建设用地规划许可证和建设工程规划许可证审批（审查）管理中的空间形态要素（即风貌要素）的审批（审查）管理，从而达到管理和控制城市风貌的目的。

3.3.1.1 城市风貌规划审批主体

《城乡规划法》第十一条规定，"县级以上地方人民政府城乡规划主管部门负责本行政区域内的城乡规划管理工作"。据此规定，风貌规划实践中的审批实施管理工作主要由对应级别的规划行政主管部门负责。其中，国家一级的城乡规划行政管理部门为住房和城乡建设部的城乡规划司（2018年3月起划归自然资源部国土空间规划局）；省、自治区城乡规划行政主管部门为省、自治区住房和城乡建设厅（或委员会）；直辖市城乡规划行政主管部门为市规划和国土资源管理局（现规划和自然资源局）；市、县城乡规划行政主管部门为市、县城乡规划局（现自然资源和规划局）。

考虑到风貌规划目前仍属于非法定性规范，实践中的风貌规划审批管理一般由城乡规划主管部门负责。城市风貌规划的审批情况因编制范围不同而不同：整体宏观层面（以城市为主）是经本级人民政府批准后，作为地方城市规划管理的技术性规范文件之一，如《浙江省城市景观风貌条例》便是由浙江省第十二届人民代表大会常务委员会第四十五次会议通过；微观地块层面成果则一般直接被纳入规划主管部门土地出让管理的技术性规范文件之一，如《上海虹桥商务区城市风貌规划》。

3.3.1.2 城市风貌规划审批依据

作为一项技术性很强的工作，风貌规划审批管理需要明确的法律技术规范来约束、诱导和调节各种建设活动，作为建设行为的准则，以及制裁各种违章建设行为。

目前我国城市风貌规划的审批依据主要由以下两个层次的法律政策法规作为依据：

1. 国家层级的法律法规

现行国家层面的城市规划法律法规体系中有关城市风貌规划管理的内容，主要涉及三方面内容：一是针对历史文化遗产、传统城乡风貌等城市空间特色资源的保护与利用；二是对生态环境、人文资源的保护，合理利用资源的基础上注重城市建设因地制宜，并在详细规划阶段成果中提出有关建筑体量、形体、色彩等设计指导原则；三是对空间环境形态的规划控制要求进一步延伸到土地开发建设之中。

2. 地方政府层级的法规

城镇化过程中，城市风貌问题的加剧，也加速了地方政府对城市风貌的立法管理。1990年，青岛便以暂行管理办法的形式开始了对景观风貌的管理。1996年1月25日，《青岛市城市风貌保护管理办法》审议通过；2006年《烟台市市区城市风貌规划管理暂行规定》正式实施；2014年，当时城市景观风貌立法中法律效力最高的地方性法规《青岛市城市风貌保护条例》正式通过并实施；浙江省于2017年11月30日通过了国内首部城市景观风貌条例，并于次年5月1日起施行，该条例将"城市景观风貌"明确定义为"由自然山水格局、历史文化遗存、建筑形态与容貌、公共开放空间、街道界面、园林绿化、公共环境艺术品等要素相互协调、有机融合构成的城市形象"，并明确了"通过编制和实施城市设计""加强对城市景观风貌的规划设计和控制引导"。

除了青岛和浙江，威海、成都、南充、滨州等很多地方政府也将风貌规划管理作为地方条例或者专项规章进行立法，单独编制的城市风貌规划管理办法开始与具体城市的城市规划行动相结合。

3.3.1.3 城市风貌规划审批内容（以上海为例）

审批管理是规划管理中重要的行政管理措施之一。根据上海市规划和国土资源管理局的《核定规划条件审批办事指南（试行）》BSZN—0500—2011/00的有关规定，不同阶段的风貌规划审批内容也不尽相同。

1. 建设项目规划条件核定

主要包括建设项目位置、建设用地面积、建设用地性质、建设工程性质、规模及其他规划条件的审核。

2. 建设工程方案规划审批

建设工程方案主要审批项目位置、建设用地面积、建设用地性质、建设工程性质、用地规模、容积率、建筑密度、绿地率、建筑高度、建筑间距、退界及其他规划条件。

3. 建设工程设计文件审查

以上海为例，建设工程设计文件审查包括以下两个层次：总体设计文件审查和施工图设计审查（含方案设计文件及施工图设计文件两个阶段）。

3.3.2 我国现行城市风貌规划审批实施管理制度

结合我国的风貌规划实践，现阶段的风貌规划审批实施管理主要由各级规划行政部门依靠以《城乡规划法》为审批依据的"一书两证"制度进行管理。

3.3.2.1 风貌规划审批实施管理制度：审查制度（规划许可）

风貌规划审批实施管理阶段的重要任务是确认上位规划（即上一层次的宏观、战略性规划）所确定的有关风貌要求，科学合理地落实到控制性或修建性详细规划编制之中，从而在协调各方利益的基础上，形成指导土地开发和利用的技术规定，并作为开发控制阶段"规划许可"审批管理的法定依据。此过程中的规划许可，从本质上看是一种依申请的具体行政行为（许可）。

根据前述研究，国外的规划实施许可审批方式主要可归纳为通则审批和个案（判例）审批两类，两种审批方式的内容及特点对比见表3-3。值得注意的是，通则审批与个案审批也并非绝对的对立关系，通则审批中有一定程度的自由裁量来体现其灵活性和弹性；同样，个案审批中也有一定的法规作依据，约束过于自由的裁量权。两种手段并用方可建构更为完善的规划管控体系。

通则审批、个案审批内容及特点比对　　　　　　　　　　表3-3

对比内容	通则审批	个案（判例）审批
实行国家	美国、日本	英国
代表制度	美国区划法（Zoning）、日本景观法	规划许可制度（Planning permission）
审批依据	设计导则等法定规划、法律法规	设计导则下的自由裁量
审批特点	规划管理人员一般不享有自由裁量权	规划部门享有一定自由裁量的权力
审批结果判定	符合规定的开发建设活动，基本上均能够获得规划许可	规划部门在审理开发建设中申请个案时，可以视需求附加特定的规划条件

图表来源：根据高中岗. 中国城市规划制度及其创新［D］. 上海：同济大学，2007：134-135 内容改绘。

我国城市类型众多、城市规模及经济文化背景也各异，很难有一部全面细致的法规或规范有效地覆盖和完美适应不同城市的实际情况。从许可审批方式来看，我国的规划许可制度实际上更加接近于个案审批，非法定规划的尴尬地位使得风貌规划审批实施管理也更加需要相对完善的法规体系或相关法规作为支撑。

3.3.2.2 风貌规划审批实施管理途径：纳入"一书两证"管理

城市风貌规划要真正达到引导和控制城市建设、彰显城市特色的目标，必须与规划管理（即城市规划编制管理、城市规划审批实施管理）的具体要求相结合，才能真正发挥其实践指导作用。

从城市规划管理体系构成来看，我国现阶段城市风貌规划编制主要依托于城市设计制度或作为独立的专项风貌规划而展开，风貌规划管理"法治化"的实施路径依然依赖于风貌规划成果与控规制度的结合。现阶段城市风貌规划管理的"合法性"可体现在以下两方面：一是依法编制和审批城市风貌规划编制；二是根据国家和地方有关的法律法规，执行城市风貌规划，并将规划成果转化为设计导则或图则，纳入"一书两证"的管理制度之中。

通过"一书两证"的管理来落实城市风貌规划的做法，其实质还是推行一种"建造型"的、"规划许可"导向的城市设计实施方法。这种做法类似于英国城市设计中的"自由裁量"管理思路，对于开发项目的建设用地和建设工程管理需求成效较为显著，但其简单依规范许可而导致的风貌问题对管理人员的知识背景和规划水平（包括对风貌的理解及城市特色的认知）等提出了更高的要求。我国"一书两证"管理中的主要审批内容，见表3-4。

目前我国"一书两证"管理中的规划许可内容　　　表3-4

规划审批（查）阶段	主要审批（查）内容	核发程序
建设项目用地预审与选址意见书	申请报告（拟选用地面积、用地性质、建设规模、计划工期、投资总额、对市政配套设施的要求等）；可行性报告、平面布置方案、管线布置方案等	建设单位向城市规划局提交选址申请；规划局经论证，通过选址审查后核发选址意见书
建设用地规划许可证	申请报告（建设地点、用途、用地面积、建设规模、计划工期、造价等）；1:500或1:1000地形图；经市规划局审核盖章，批准的总平面布置图；计划部门的立项批文；选地意见书；土地预审意见；有关部门审查意见（一般包括建设局、消防、环保、交通、教委、财委、电力、电信、人防、市政、房管等）	认定申请—征求意见—核实建设单位申请用地的位置和界限—提供规划条件—审查场地的总平面布局方案—核发建设用地规划许可证
建设工程规划许可证	建设用地规划许可证报告；建设用地规划许可证及附图；计划部门的立项批文一份；建设用地批准书；经市规划局审定盖章的总平面图、建筑设计方案图（或审核批文）、管网综合图各一份；其他相关部门的审核意见；建设主管部门审查盖章的施工图；建设工程勘察成果施工图审查批准书；消防建审文件等	认定申请—征求意见—提供规划设计要求—设计方案审查—核发建设工程规划许可证

图表来源：根据收集资料绘制。

由表3-4可以看出，当前我国的城市风貌规划审批实施管理多以"物化"形态管理为特征，侧重于建筑造型等物质形态要素控制，而对于城市风貌产生过程中人文因素与物质空间结合的问题考虑较少；同时亦较多地忽视了城市风貌规划的"社会精神与责任"以及文化价值形成的过程性。以规划结果为导向的"物化"形态管理下"效率优先"的管理模式与城市风貌的"柔性特征"互相冲突，也直接导致了城市风貌规划审批实施管理长期陷入"放"和"管"的管理悖论中。

结合"一书两证"管理中的风貌规划实施路径如图3-1所示。

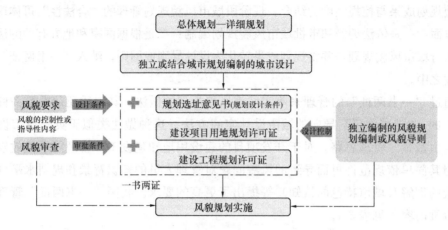

图 3-1 结合"一书两证"的风貌规划实施路径
图片来源：作者绘制。

3.3.3 我国城市风貌规划审批实施管理实例对比

延续风貌规划编制管理实例对比中选取的五大风貌规划实例，风貌规划审批实施管理阶段的实例对比见表 3-5。

我国城市风貌规划审批实施管理实例对比　　　　　表 3-5

风貌规划审批实施管理实践	集美新城城市建筑风貌规划	通州新城建筑风貌分区管制总体策略	宁波南部商务区核心地块详细规划和城市设计导则	深圳前海城市风貌和建筑特色规划	上海虹桥商务区核心区风貌专项规划
风貌规划与城市设计关系	概念性城市设计阶段之后的风貌规划	风貌相关要求纳入城市设计	依据城市设计导则中风貌相关内容来实现风貌审批实施管理	综合规划基础上的特色风貌塑造途径	控详规与城市设计基础上对空间文化特色的进一步思考
风貌规划审批部门	地方规划管理部门			前海管理局	虹桥管委会负责协调
风貌规划审查形式	专家评审	设计方案公示制度、规划成果意见征询	专家评审结合市民参与评选	专家评审主导	第三方专家评议、事后监督验收
风貌规划实施依据	"一书两证"为核心的城市规划实施管理程序			"一书两证"＋深圳市城市规划条例	"一书两证"＋上海市建设工程行政审批管理程序改革方案

续表

风貌规划审批实施管理实践	集美新城城市建筑风貌规划	通州新城建筑风貌分区管制总体策略	宁波南部商务区核心地块详细规划和城市设计导则	深圳前海城市风貌和建筑特色规划	上海虹桥商务区核心区风貌专项规划
风貌规划实施过程	政府主导，风貌要素融入城市设计导则	政府主导，风貌控制要求纳入土地出让条件	政府统一组织单体建筑方案优选、决策并整合，统一建设核心景观市政设施	政府主导，风貌规划控制条文转化规划出让条件、风貌规划成果正式纳入建筑用地规划条件	管委会特别协调监管、风貌专家全过程引导协商、风貌规划要求直接指导建筑设计方案修改
风貌规划实施特点	政府主导，风貌要素融入城市设计导则	风貌控制要求纳入土地出让条件	城市设计导则中的相关内容作为地块规划设计条件	风貌规划控制条文转化规划出让条件	空间特色风貌专项作为技术补充文件纳入土地开发出让条件
风貌规划实施监督管理	典型的风貌规划要素控制实施方式，无专门的风貌调控方法，较为依赖建设实施管控			增加建筑方案技术平台和专家评审阶段的风貌控制审查	事前告知+事中协商+批后管理的全过程管理
有无公众参与	无	无	公众参与规划方案评选	无	第三方专家评议
风貌审批实施特色管理	无	无	政府主导下融入了包括专家、设计机构、市民多元力量	一般区域和重点区域的差异化管理策略	专题审查、双元组织管理流程、地区风貌规划师制度与全过程"柔性"管理

图表来源：根据收集资料绘制。

  风貌规划非法定地位的现实情况下，提高风貌规划成果审批实施管理的有效性成为风貌规划管理的真正难点。表3-5中选取的风貌规划实例表明，无论城市设计制度与城乡规划法等法规健全程度如何，风貌规划真正的效力均是产生在规划成果与建筑场地设计方案衔接的环节。

  总结来看，目前国内风貌规划审批实施管理的方式主要有以下三种：

  1. 将风貌规划成果纳入城市规划体系，借助不同层级城市规划的法定效力来加以落实、实施，即：风貌导则中的风貌控制要求以"图文+表格"的形式直接作为设计参考与审议依据，提供给业主和规划管理部门（这也是目前最为典型的审批实施管理模式）；

  2. 以"一书两证"为核心的城市规划管理程序中，城市设计或者风貌专项规划中的风貌导则要求，直接转译为土地出让与规划设计条件（这也是目前最为有效力的风貌审批实施管理模式）；

3. 在地方规划管理部门协调下，风貌专家或者特定管理机构作为引导协商主体，风貌规划成果直接作为规划或建筑设计方案"一书两证"的审批、核发依据，通过风貌规划要求直接指导监督设计方案修改。

值得注意的是，不同的风貌审批实施管理模式对风貌塑造各有利弊，实践中还是应该与具体城市的建设管理体制充分衔接，充分发挥城市设计等法定规划引领和控制作用的基础上，探索构建因地制宜的风貌审批实施管理办法。而各不相同的城市行政管理水平，也引发了风貌规划审批实施管理的乱象。

3.4 我国现行城市风貌规划审批实施管理的问题所在

3.4.1 非法定地位下的审批依据与保障制度缺失

3.4.1.1 风貌规划审批实施依据的缺失

现行的城市规划管理体系主要以开发建设活动不同阶段规划指标的实施核定为主，如规划条件阶段审查建设用地性质、建设用地面积及规模；建设工程设计方案主要审批建设项目位置、容积率、建筑密度、绿地率、建筑高度等；方案设计文件阶段则主要审查建筑面积、建筑密度、容积率、绿地率等指标，这种"不断细化设计蓝图直至施工建造"的"建造型"审批模式，使得风貌规划管理逐渐被简化为单纯的技术指标管理。

此外，由于各城市的具体情况不同，加之风貌规划的非法定地位，各方所编制的风貌规划类型、层次也有较大差异，有的将城市风貌规划纳入总体规划、有的仅将其作为总体规划中的专项规划、有的又将城市风貌作为独立的规划项目或者科研课题，不同的规划层次定位，也使得对风貌规划成果的审批无"法"可依。

3.4.1.2 风貌规划审批实施保障制度的缺位

风貌规划是政府对与城市形象密切相关的开发建设活动进行审批实施的复杂管理活动。健全完善的法规制度保障基础下，行政、经济、法律等有效手段的综合应用是确保风貌规划合理有效实施的根本途径。当前，各地政府正在探讨或已拟定实施的相关风貌规划条例（如青岛、浙江、成都）等虽具有一定的法规效力，但受限于偏简单和原则化的控制内容，风貌导则适用性不够的情况下对开发建设活动的约束力收效甚微；此外，非法定规划程序地位的风貌规划，其成果往往仅停留在空间设计意向的层面，也无法真正指导具体的建设实践。

鉴于现行的城市规划政策中关于风貌实施方面的相关法律依据十分匮乏，将风貌规划的编制与实施结合法定总体规划和控制性详细规划开展，建立更加严格的审批制度，从制度层面确保城市特色风貌规划在城市发展中的战略引领和刚性控制作用，进而借助法定规划的实施来落实风貌要求的做法似乎最为可行。

3.4.2 风貌规划"过程"引导与"结果"控制的割裂

传统的城市风貌规划审批实施过程中，规划编制者通过技术性的指标结果把感性、模糊的城市风貌意象转变成精确的风貌符号（要素），将人们对城市风貌的感性认知高度抽象为理性的空间形态审美性表达；规划管理者基于物质形态控制的"结果导向"的技术导则对开发建设活动进行审批，两者共同构成当前我国城市风貌规划实施管理的主要方法。然而从本质上来看，城市风貌规划却是从人文、艺术、心理感知和心灵感受等精神层面出发，在城市空间形态建设过程中重视和培育城市之"风格"、城市之"精神"、城市之"意境"，弥补以往城市法定性规划中空间形态方面"特色"的缺位，其本质仍是城市公共文化价值的生成过程。

我国风貌规划实施中的"过程"管理基本还处在空白阶段。现有城市规划体系下，很难仅通过一个完美的"空间蓝图式"技术文件解决高度复杂的风貌问题，事实上当下多数遵循着现行城市规划控制体系技术平台的城市风貌规划实施管理，其偏重于物质空间形象的实效性审查判定方法，反而带来了新一轮"千城一面"的城市特色趋同危机，并成为"千城一面"危机的制度性根源。从已有的风貌控制实践来看，"风貌管理过程"和"风貌结果控制"都应是风貌规划审批实施中不可或缺的组成部分，两者理想的关系应该是在对立与统一、协调与对比过程中的互相推动，即城市风貌规划的审批实施既要注重结果控制，更要讲求过程引导。

3.4.3 风貌规划控制的审批实施管理困局

3.4.3.1 风貌规划审批实施依据及目标的模糊

现阶段，很多城市的风貌规划只是完成了总体规划层面上的城市风貌规划定位，控制性详细规划阶段所需的相关配套实施细则和控制导则并未匹配到位，这也使得规划管理者没有统一的审批管理依据。

另外，由于城市风貌规划技术种类繁多、技术规范不统一，作为风貌规划成果使用和审批对象的规划管理人员，合理地把握风貌规划内容显得尤为不易。尤其涉及色彩、肌理等自由裁量部分，如果对场地条件、上位规划、风貌规划成果不是进行了深入研究，管理人员很难很好地判定风貌规划的意图是否可以有效实现。

3.4.3.2 风貌规划审批实施主体、路径的不明确

现阶段我国的城市规划体系分为总体规划与详细规划两大阶段，风貌规划多数情况下并不直接隶属于这两种规划体系之内，仅作为专项规划独立存在。

由于法定地位的缺失，城市风貌规划在我国城市规划体系中的地位相对尴尬：一部分人认为风貌规划在内容上与城市设计相重复，没有必要单独列出；另一部分人认为在当前城市建设中对城市特色风貌的忽略导致"千城一面"的后果已成为一种通病，必须

增加城市风貌规划的内容，模糊的规划层级定位决定了风貌规划的实施途径并不清晰。

根据当前的风貌规划实践，城市风貌的审批实施工作多经由地方规划主管部门进行协调管理，并未形成特定的审批、实施管理部门，这直接导致仅凭普通管理部门指导的风貌规划实施工作不能充分地发挥作用。特定管理部门与其他管理部门间沟通协作同时缺失的现实背景下，风貌规划的有效实施变得更加困难。

3.5 现行城市风貌规划管理体系的局限与反思

3.5.1 风貌规划控制的思维局限

城市风貌规划从本质上来讲是对城市空间形态的价值管理，它以非理性要素控制为基本特征，柔性管理应是其主要管理方法。反观当前主流的城市风貌规划控制过程，往往主要针对风貌符号或风貌要素进行控制管理，管理方法呈现出一种"单向度的、形而上的、片面的、缺乏灵魂"的特点。

从当前风貌规划领域的研究来看，学者们采用自然科学方法论研究较多，如系统论、基因论等，城市治理者也普遍习惯用自然科学及理性主义的思维模式研究风貌规划管理、风貌控制并实施风貌管理。但自然科学方法论指导下的城市设计所擅长的刚性控制方法，难以适应城市风貌的"柔性"及其复杂时空特性，也许风貌管理需要的恰恰是控制思想及思维模式的转型，因而相应的风貌控制管理的理论、技术方法亟待研究探索和创新。

3.5.2 风貌规划控制的保障制度缺失

我国"一级政府，一级事权"的规划管理逻辑已深入人心，自然资源部的组建基本解决了横向部门之间的规划管理重叠问题，但纵向的各级规划事权似乎仍缺少合理的界定。同时，风貌规划本身的技术属性决定了风貌规划控制实践中市场主体繁杂、多元利益难以均衡等诸多具体问题，很难仅通过"自上而下"的物质要素刚性管控得到解决，风貌规划保障制度的建立和完善迫在眉睫。

近年来，应城市建设发展要求，部分城市开始修改相关城市规划技术管理办法，加强对建筑风貌和空间形态的管理。考虑到每个城市在规划管理部门的职责认定、风貌控制的机制构成、相关领导的认识和关注点都有所不同，不同城市的风貌规划应在不同的层面保持一致、逐级细化；并根据城市的不同需要，选择必要部分进行重点控制，剩余部分则可采用简单的通则控制。现实中，多数城市普遍采用的"一刀切"式通则管理为主的风貌规划控制方法恰好体现出风貌规划控制的保障制度缺位。

3.5.3 风貌规划控制的目标不明

城市风貌具有人文属性。作为抽象概念的风貌，明确的评价标准很难界定；作为公共福利的风貌其概念太过模糊；通过严格立法来执行的风貌又可能引发其与现行规划管理体系的冲突。针对风貌规划的行政管理也因此很难落实到现行的、以科学主义为主导的城市规划管理机制之中。对风貌认知的混乱和不统一，直接导致了风貌规划管理对象与目标的不明确。

另外，风貌规划编制委托方对风貌笼统和宏观的理解，对风貌规划目标、编制任务认知的不明确，也容易导致风貌规划编制的规划成果与其预期目标不符。同时，编制委托方往往寄希望于一次风貌规划就可以解决"千城一面"、特色失落等典型城市问题，高期望值背景下不够明确的风貌规划控制目标，最终导致很多城市的风貌专项规划因为缺乏实用价值而沦为一纸空谈并无疾而终。

现行城市风貌规划管理体系，以控规层面的图则控制为主要控制手段，围绕建筑形态、高度、建筑密度、绿地率等规定性指标或日照率、消防等基础需求展开控制的管理方式，对城市公共空间文化以及空间环境品质的有效管理较为缺乏，自然无法有效地塑造空间品质和特色。这种情况下，树立正确的风貌规划价值观，并建立风貌规划价值从理论阐述到优化实施的路径才能真正地厘清风貌规划控制的真正目标，进而实现新城建设的有机、有序、和谐发展。

3.5.4　风貌规划编制的技术不足

现阶段国内城市风貌规划的编制主要以"导则"或者"模块"的形式，融合在各层级的城市规划编制（如总规、控规或修详规）之中，较少存在单独编制的情况。另外，不同的委托方提出的城市风貌规划编制任务通常存在较大差异，风貌规划的内容深度要求也各不相同。在缺乏成熟统一的编制办法的现实情况下，规划师往往自缚于风貌要素归纳、定性控制、风貌分级、行政许可等城市设计的习惯思维之中，对风貌规划这类非法定规划如何定位、如何落地等关键问题存在困惑。在这种情况下，出于惯性，规划设计师往往无奈地套用城市设计的思路来进行风貌规划的编制，这也继续导致了风貌规划成果的混乱和无实际意义。

此外，因循既有的城市规划编制技术，城市风貌规划的编制更多的是规划师根据自身的专业知识，结合现状调研后编制出的"系统"的"蓝图式"的规划成果。此类规划成果较为抽象，基本是以传统的点线面等风貌要素和空间意象图片的组合为主；成果文本中，"协调""一致"等主观抽象表述过多，客观的绩效标准描述较少，各类风貌控制要素多以定性描述为主，缺乏量化控制的风貌导则，因此无法直接纳入建设项目审批的规划设计条件中。

风貌规划编制的技术性缺失既无法给风貌建设活动提供必要的参考依据，又使规划管理人员的裁量标准难以取得一致，管理部门的监管督察工作难度大大增加。

3.5.5　风貌规划审查的程序缺位

在我国现行的规划体系下，由规划管理部门主导并执行风貌规划审批实施管理是最有效、也是最直接的方法。相较于建筑高度、容积率等容易量化的规范性指标，与城市环境品质、美学形象等密切相关的建筑色彩、公共空间质量、景观设计等内容，正是风貌规划成果中较为灵活的、难以用明确数字标准精确描绘的部分，实践中针对这部分内容的管理需要补充更为灵活同时兼具弹性的审查程序和判定方法。

现行规划管理制度和风貌规划发展状态下，风貌规划的覆盖范围差异较大，不同城市甚至同一城市的不同地段风貌编制实施的发展水平也存在明显差距。实际应用中，可在结合各城市（区域）规划管理现状的前提下，借鉴英国、美国、日本等国家的相关经验，在条件成熟的城市或地区建立"风貌规划审查"制度，来综合确定风貌规划审查的范围、办法及程序。

这里的风貌规划审查作为一种规划管理手段，其目的在于保证城市建设的整体和谐与各方利益的公平均衡，即在确保新的开发建设与城市期望的形象特征相互兼容的同时，给予设计师一定自由的风貌规划审查制度，某种程度上可以看作是我国现行规划控制体系下"自由裁量"方法的本土化运用。

设计审查制度一方面从最低限度给设计实践以必要的约束，防止由于个人的好恶和专业修养的参差造成城市设计质量的摆动；另一方面设计审查制度可以为创造性的城市设计实践提供政策上的鼓励和支持。国外城市设计运作实践中方案审批的经验证明，规划审查制度在风貌规划体系中的施行一方面可以大大提高方案审批的质量，另一方面可以对现行的方案审批流程进行重新梳理和优化，从而实现风貌规划与城市建设的高度协同。

3.6 本章小结

风貌规划在我国仍属于非法定性规划，风貌规划的内容和研究方法也因具体实践需要而不同，规范性的基础探讨较为缺乏。现阶段我国风貌问题的普遍性，很大程度上是由一系列风貌规划制度的缺失所决定的，风貌问题的核心并不完全在于对风貌要素的控制是否足够精准或开发商有无人文情怀，更多的是社会对风貌规划真正价值的认知不足以及相关保障制度的缺位使然。

本章从我国现行的城市规划管控体系出发，结合有关学者的研究和不同层面的风貌管理实践来梳理我国目前城市风貌规划控制管理的基本框架，即城市风貌规划管理由规划编制管理、规划审批实施管理两大部分组成。其中，规划编制强调风貌要素的系统性、空间层次性、文化独特性的规划控制引导，规划审批实施强调"土地出让管理制度"中对风貌要素的审批（或审查）管理以及对风貌规划实施的合法性管理。

在对我国城市风貌规划编制、审批实施管理实例进行对比研究的基础上，本章同时探讨了我国现行城市风貌规划管理体系的几大局限之处。

风貌作为城市特色的高度浓缩表达，现行的理性规划编制和实施管理过程已很难适应本质为公共文化价值引导，且已上升到精神气质高度的风貌（尤其是新城风貌）的管理要求。要改善目前我国城市风貌规划管理体系的种种不足，首先需要改变的便是基于自然科学和理性主义的规划管理思维定式；其次，在对风貌规划控制目标、编制技术、审批实施程序等不同层面反思的基础上，与现有法定规划管理体系衔接的同时积极引入专业的风貌规划审查、执行机构；并辅以其他规划管理指导理论、思维模式及方法的合理导入、适时启发和有益补充，方可建构完善的风貌规划控制保障制度（流程），真正践行"回归人本"的风貌规划价值追求。

第4章 理论：新城风貌规划控制的理论建构

4.1 当前我国风貌规划控制的主要指导理论

我国风貌控制领域的自然科学方法论研究较多，如系统论、协同论等，另外也有城市形态学理论及传播学理论等视角对风貌控制进行的相关研究。总结来看，学者们普遍习惯用自然科学及理性主义的思维模式研究风貌规划管理以及风貌控制。本节针对目前我国城市风貌规划中的代表性理论——系统论的理论基础、风貌规划过程、风貌控制内容等做出详细的比对研究。

4.1.1 系统论视角下的风貌规划控制

4.1.1.1 系统论理论概述

1. 系统思想的兴起

"系统"一词，是由部分构成整体的意思。贝塔朗菲认为，系统的整体功能是各要素在孤立状态下所没有的性质，系统的有机整体性是系统论的核心思想，也是系统理论的价值导向。1990年，钱学森等中国科学家提出"开放的复杂巨系统"概念，认为系统的存在是随处可见的，无论是自然、社会还是人类本身。随着系统思想在城市研究学科中的引介与应用逐渐深入，城市风貌的研究有了新思路，风貌的系统观也由此得以确立并得到充分重视。

2. 系统论

系统论的主要任务是以系统为对象，从整体出发来研究系统整体和组成系统整体各要素的相互关系，从本质上说明其结构、功能、行为和动态，以把握系统整体，达到最优的目标。

系统具有整体性原则、结构性原则、等级性原则，这三大原则正是系统论对系统整体进行分析的重要支持，即认定整体范围、解析整体结构和要素关系、分离整体内部等级，从而衍生出整体的系统组织功能。

4.1.1.2 系统论视角下的城市风貌内容

系统论视角下的城市风貌系统作为城市子系统之一，主要担负着对城市精神取向的总体反馈作用，即如何在对城市的风貌物质塑造中，把城市空间文化和整体形象融入相应的城市风格之中。此视角下，城市风貌成为可以量化和分解的有机体，不再模糊。

以系统论的角度来看，城市风貌首先是多要素相互联系、互相作用的有机系统：社会人文、自然环境、经济等都是重要的风貌组成要素，这些要素的相互作用将城市和环境的关系不断推动，城市风貌因此具有整体性与层级性的系统基本特征。系统理论中的结构层级也在城市风貌中有明显体现：城市风貌系统不仅仅是静态的构成关系，动态的城市系统中，风貌具有生长性，自然人文环境勾勒出城市基础建筑和轮廓，建筑的不断演进代表了城市风貌的变迁，风貌水准又决定城市建设的基调。在这个过程中，城市风貌会经历环境的耗散、组织能动性和自适应能力的提高，这些都可以看作是风貌系统特征的具体体现。

4.1.1.3 系统论与城市风貌规划控制

将系统理论引入风貌规划控制领域，城市风貌系统由若干风貌子系统构成，同时糅合了若干风貌要素，组成城市风貌的各系统或要素之间也不是简单的叠加关系。这样的多层次系统中，各级风貌系统的构成并非均匀一致，同时，由于城市风貌的形成时间、社会背景条件不同，不同的城市风貌样态也充满变化与不同。此外，作为一个复杂的巨系统，城市规模的不断扩张、城市新区的开发，城市系统中的复杂因素无时无刻不在发生变化，这些变化又反过来促进了整个城市风貌系统的变化与转变。

城市风貌规划控制作为一个复杂的社会文化系统工程，对其进行系统分析既有助于人们科学、系统地理解城市风貌，也能更好地指导城市风貌规划实践。以系统论为理论基础，通过划分不同的风貌空间结构层次来控制城市风貌的发展方向，是目前国内城市风貌规划研究领域较为全面、深入的代表性控制理论。

总体来看，系统论指导下的风貌规划还是在总规及控规层面将风貌规划纳入城市规划体系，即先将整个城市风貌归结为一个包含若干层级的单中心系统，在此基础上通过自上而下的规划管理来实现城市风貌的协调发展，控制内容多聚焦在风貌规划的编制阶段。然而，在城市化进程高度发展的今天，城市发展越来越趋向于无中心（多中心）的群体系统，城市风貌的问题也越来越多地出现在风貌规划控制实施的阶段，审批实施管理层面内容的缺失也使得系统论为指导的城市风貌规划控制体系暴露出其不同层面的局限性。

4.1.2 风貌规划控制代表性指导理论的再思考

当前的城市风貌特色研究中，诸多学科的原理都被借鉴，从而产生出纷杂多样的规划原则和理论方法，不同的指导理论丰富了风貌规划控制研究层次的同时，不可避免地带来了一定的局限性。

4.1.2.1 基于系统论的风貌规划控制

就系统论的角度而言，管理意味着对系统的管理，每个管理自身都能构成一个完整的控制系统，城市风貌规划也不例外。结合我国当前的城市规划设计实践，将城市风貌规划视为一个控制系统，可以视政府或者规划主管部门为施控主体；设计活动与开发建设行为成为受控主体；风貌规划控制系统的目标则是建设理想的城市环境。

从系统论中的控制论角度对城市风貌规划控制系统进行思考，可以把风貌规划控制看作是由决策系统、执行系统与反馈系统共同构成的整体系统。其中，决策系统指风貌规划的编制与审批管理；执行系统是对城市风貌规划实施的管理，是围绕建设工程的规划、批复到建设而展开的管理工作，在城市开发建设的整个过程中都起到作用；反馈系统是对城市风貌规划、控制乃至实施的监察、监管，并将发生的问题及时向决策系统、执行系统进行反馈。控制论视角下的风貌规划控制流程如图4-1所示。

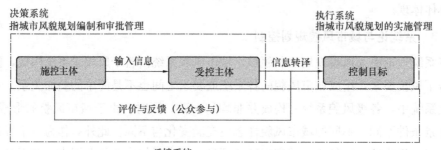

图 4-1 控制论视角下的风貌规划控制流程

图片来源：作者绘制。

控制论为指导的风貌规划控制系统为我国风貌规划控制体系的搭建提供了理论依据。但受困于我国现行的城市规划管理体系，这样的反馈系统也存在着决策系统目标不明、执行系统缺乏监督、反馈系统流程滞后、奖惩乏力等缺憾，风貌规划控制领域的理论研究仍需加以深入研究。风貌规划控制的各类管理机构，如决策、执行、反馈机构等，其运作流程、管理体系、管理制度等也要根据城市发展的实际情况不断进行探索与调整。

4.1.2.2 基于协同理论的城市风貌规划控制

以协同论作为指导理论的城市风貌规划控制仍然是以规范性指标对风貌要素（风貌系统中的不同序参量）进行控制，如建筑的形态、尺度等都要进行具体的规定，建筑的立面色彩、材料等也需要进行定性的引导，以此使城市风貌更加符合协同论中的协同和秩序。这种"简单可行"的风貌控制模式作为风貌规划控制的主要手段，保证了风貌可以实施的同时，不可避免地使城市具有可复制性。越来越多的城市建设实践开始证明，仅将风貌控制要素以定性描述而忽视量化控制为主的风貌导则，依然无法直接纳入建设项目审批的规划设计条件中。

但协同论同时创新地将规划控制与设计管理看作实现城市风貌优化的主要途径，这对于风貌规划控制实施与保障体系的构建有很大的启示作用。

4.1.2.3 基于城市形态学的城市风貌规划控制

城市形态学视角的城市风貌主要针对城市空间肌理进行控制，控制内容由建筑、街道等城市界面组成。此视角下的风貌规划编制阶段包括类型特质辨别识取、空间类型还原、建筑形态重组等，较为适用于历史风貌区或历史底蕴氛围比较浓厚的街区，城市一般地区的风貌规划控制较难适用。

4.1.2.4　基于景观学原理的城市风貌规划控制

景观学视角的城市风貌规划主要通过景观物质实体的构建展现城市的文态要素和精神追求。景观学原理下的城市风貌规划内容一般包括景观轴线（中心）的构建、建筑形式（高度、风格）的引导、景观视廊（廊道）、天际线轮廓以及绿地系统规划的控制等，总体来看仍是对物质形态要素为主的景观规划内容的控制，城市空间文化层次的风貌内容较少涉及。

4.1.2.5　基于基因学理论的城市风貌规划控制

在风貌控制全覆盖的方法下，通过对城市中的所有用地提供风貌控制导则的研究方法可以有效地将风貌规划与法定规划衔接。以基因论为指导，所形成的风貌控制导则同时成为规划管理者对开发建设行为进行审核的直接依据，风貌规划控制的实效性得以保障。

然而，从另一角度来看，控制导则制定的前提是建立一个完整的"风貌基因库"。一方面风貌基因选择过程中的全面性与科学性难以保证；另一方面，主观因素对风貌基因类型判定、控制指标选择等关键内容的影响不可忽视，科学有效的评价方法因此较难确定，这些缺憾使得风貌规划控制的科学性存在极大的不确定性。

4.1.3　城市风貌规划控制理论的反思与转变

不同学科理论的引入和城市风貌规划控制研究中不同研究方向的形成，是城市风貌研究时代性需求的结果。多样化的城市风貌规划控制理论背后折射的是风貌控制规划控制思想与控制目标的不同，在城镇化建设进程进入后半程的今天，风貌规划控制的指导理论和控制思想亟待转变，具体来看：

4.1.3.1　控制理论的反思：一般系统论的思想局限

贝塔朗菲将整体性视作系统的核心属性，强调整体有序性和统一性的同时，一定程度上忽略甚至否定了系统的局部性和无序分散的特点。然而，随着生命科学、行为科学和社会科学等新兴学科的发展进步，"有组织的复杂事物"逐渐取代了以往"无序的规律性"，现实世界的发展中到处都出现了有机体和组织性的问题，一般系统论的观点渐渐无法满足风貌规划管理的需要。

如今，风貌规划正演进成为复杂的城市文化工程，当然，风貌规划也需要一个独立的复杂的管理系统来实施控制，简单的、数字指标式或者风貌要素控制的管理方法必然失败。一般系统理论指导下的风貌规划控制在深入研究城市风貌系统性的同时，也应该对其发展过程中日益明显的复杂特性进行相关的理论补充，包容了系统性、复杂性的复杂系统理论将是一个值得深入的研究方向。

4.1.3.2 控制思想的转变：一般系统论到复杂系统论

一般系统论指导下的城市风貌规划将风貌看作一个完整的中心系统，通过强调风貌系统的整体性（显性要素与隐性要素之和）、结构性（风貌圈、风貌区、风貌带、风貌核、风貌符号）与层级性（与城市规划体系一致）等基本特征，把风貌系统中不同要素之间互相作用形成的规律概括成系统的规律性，以不同"个体"（风貌要素）的"有序"组合来实现对"整体"（风貌系统）的集中统一控制。城市风貌系统同时兼具有序性与无序性，在这两种性质下，风貌结构能够根据环境的特性进行灵活改变，风貌系统在不同的环境下都能够通过对整体运动进行的调节，选择"较好的"行为方式来实现自己的目的，从而不断进步。但一般系统论过于看重整体性和有序性，大大忽略了局部性、分散性和无序性，甚至完全不做研究，事实上风貌系统中有序性（物质空间形态的系统性、结构性）和无序性（文化等非物质要素的散乱性以及建设活动的随机性）的结合使得城市风貌发展具有更多的可能性。

20 世纪 80 年代以来，复杂性科学的兴起革新了人们的思想和观念，思维范式的突破和创新导致自然科学、哲学、人文社会科学等不同领域的认识论产生了重大的变化。在复杂系统论思维范式的介入下，城市风貌研究重点逐渐从物质空间环境转向了社会人文等非物质要素以及管理制度、运行机制的建立健全上。在当下城镇化建设的复杂现状下，基于复杂系统论的城市风貌特色研究无疑更为符合城市规划的时代性需求，也将成为城市风貌规划未来主要的研究方向。

4.1.3.3 控制目标的转变：从物质要素控制到场所体验引导

从发展脉络的角度看，城市风貌规划控制的研究最初以建筑学、规划学等自然科学理论指导下物质环境规划方向的研究为主导，政治经济学、公共管理学、环境行为学、生态学等人文社科类科学理论引入后，城市风貌规划控制目标逐渐从物质空间环境转向了对人文等非物质要素的关注。

我国城市风貌研究的历史进程也很清晰地证明了这一观点，20 世纪 70、80 年代学界对风貌问题的认识延续了城市景观风貌物质观的认识，注重城市空间整体性视觉控制，偏重空间艺术布局和技术处理；进入 20 世纪 90 年代，城市风貌被看作是城市建设过程中对物质空间的一种审美意象表达，对城市风貌问题的关注也从城市风貌的物质要素控制转向了审美主体（人）对城市的整体感受与体验（社会文化等非物质要素）的关注；2000 年以后，城市风貌的内涵不再仅限于一种城市空间审美意象，而是进一步转向了历史文化和社会生活方式的综合性解释（即动态的、空间文化等社会意义解释），风貌规划者也逐渐开始从整体性、跨学科性、人的历史主动性、社会实践性、政治性、参与性等视角重新构建风貌规划管理的内涵与管理方法，这也与国外的城市风貌研究表现出的主题内容和演化趋势基本相同。

4.2 复杂系统论指导下的新城风貌规划控制

4.2.1 系统科学与复杂系统科学

"系统科学"以系统及其机理为对象，运用"整体大于部分之和"的普遍观点，研究系统的类型、性质和运动规律的科学，这与传统的将整体划分为个体研究的科学体系完全不同。

与之相比，复杂系统科学是对拥有复杂性、开放性、动态性的巨系统进行探究，深度研究复杂系统内部中多种部分之间的相互配合、相互制约的学科。

一般系统中的元素数目通常少，因此可以用较少的个体元素，通过自上而下的集中控制体系加以控制、预见；复杂系统中的元素数目通常较多，且其间存在着强烈的耦合作用，一般是通过个体元素自下而上分散协调的相互竞争、协作等局部相互作用而实现对系统的控制。

4.2.2 新城风貌规划系统的复杂特性

系统论视角下的风貌规划编制、规划审批、规划实施各自都可以看作是一个完整的子系统，三者的组合又成为一个更加复杂的风貌规划控制系统。在新城风貌规划控制中，风貌规划控制的作用对象（风貌系统）、参与主体（审批管理人员）、运行过程（风貌实施管理）的复杂性是影响城市风貌规划实践活动的最关键因素。

作为典型的复杂、动态、开放的巨型系统城市，其风貌系统也因此具有复杂特性，具体体现在：

4.2.2.1 新城风貌规划系统的复杂性

新城风貌的形成涉及大量的风貌要素或风貌子系统，但良好的新城风貌形成过程中，各类风貌要素或风貌子系统之间的相互作用是非线性的，风貌系统也绝非是各级风貌要素或者风貌子系统的简单叠加或并列。风貌系统中各类要素的非线性作用，导致了新城风貌呈现多样性和不确定性的同时，不断催生富于变化、弹性包容的有序风貌结构形成，另一方面也带来了新城风貌的偶发性与随机性。另外，新城风貌在地域空间分布上的差异性与非平衡性，也一定程度加剧了新城风貌的复杂变化。

4.2.2.2 新城风貌规划系统的开放、动态性

作为城市公共政策管理的内容，新城风貌规划控制过程中，充满了不同利益主体（开发主体、政府主体、社会公众等）博弈与碰撞所引发的不可预测性与不确定性，这些具有开放性和动态变化特性的不确定因素，直接或间接地影响了新城风貌规划的编制、审批实施过程。

4.2.3 新城风貌规划控制的复杂特性

4.2.3.1 新城风貌规划控制参与主体的复杂性

计划经济向市场经济的转变直接导致了新城风貌规划的参与主体发生变化，新城规划管理过程多元利益主体复杂的博弈关系也因此普遍存在。计划经济条件下，国有土地以政府划拨的形式无偿使用，新城开发建设活动是典型的自上而下的行政命令（行为）。在此过程中，政府是城市（风貌）规划任务的发包方、设计单位是城市开发建设活动的承包方、社会大众则是建设行为的接受方，新城规划参与主体之间的关系是线性的、单向的。行政命令下，多元利益的协调与平衡问题基本上不存在。

市场经济快速发展以及经济体制深化改革的背景下，新城开发建设活动逐渐由计划经济下的行政命令转化为市场经济手段调节为主的新型模式，国有土地开始以有偿使用的方式轮转；另外，新城开发建设的参与者已更替为市场条件下的开发企业、第三方组织或者地方政府等多种利益主体，市场经济制度下，不同利益主体参与新城风貌规划的方式和手段变得日益丰富。新城公共资源的调配也越来越多地涉及政府、开发企业、规划师以及社会公众等多元利益主体间的协调或博弈，新城风貌规划控制的参与主体呈现出更加复杂化的趋势。

4.2.3.2 新城风貌规划控制运行过程的复杂性

1. 风貌规划编制管理的复杂性

风貌规划在我国属于必要的非法定规划。现有条件下，风貌规划编制管理的内在悖论在我国新城开发建设过程中尽显无疑。以控制性详细规划阶段的风貌导则制定为例，过于细致的风貌导则，限制了建筑师的创作自由的同时，常常因为对于建筑群体或者其他空间过于严苛的控制而引发设计师和开发主体的反感；风貌导则过于粗放，又会因为内容笼统、针对性弱而失去实施效力。同时，风貌导则的制定往往偏重对建筑造型、高度限定等空间形态的指标式控制，而忽视了风貌规划作为城市文化践行活动的"价值引导"特点。

2. 风貌规划审批管理的复杂性

风貌规划参与主体的多元性、利益诉求的复杂性，使得风貌规划成果的审批管理工作变得十分复杂。从审查过程来看，除了需要兼顾规划成果技术水平判定和具体的空间形象感知判断，还要尽量平衡政府部门、开发主体的不同利益诉求；从审批内容来看，风貌规划的成果判读既要包含定性的文字导则解释，又要对定量化的指标描述进行核准。

此外，新城风貌规划控制过程的复杂性决定了风貌规划成果需要规划管理者不断根据城市发展情况进行持续性的改进与监督完善。根据城市发展条件，适时做出最佳（最优）的价值判断，某种程度上，也加剧了风貌规划审批管理的复杂性。

3. 风貌规划实施管理的复杂性

新城风貌规划的实施管理过程按时间序列可划分为地块出让环节的风貌设计要求、

建设项目方案的风貌内容审查以及施工阶段的风貌实施跟踪监督等几个子阶段，这些子阶段并不是相互孤立、单独发生的，而是一个随着时间推进连续的、动态的"综合集成的系统流程"。现实中，很多风貌规划实践往往止于编制结束后的文本成果阶段，政绩式的风貌规划成果往往无法得到有效的贯彻实施，从而直接流于形式，风貌规划的动态维护机制更无从谈起。

4.2.4 小结

作为城市复杂巨系统的组成部分，新城风貌规划不可避免地也具有复杂系统的各种属性。从城市规划管理的角度，人们一般倾向于将城市风貌看作一个具有明确中心结构的一般系统，并强调自上而下的规划管理体系对城市风貌的控制作用。然而，这种单向度的自上而下的管理模式较为适用于对新城重点区域形象工程的重点管制；对于新城中广大尚未发展成形，或正处于快速建设阶段的一般区域中更为重要的建筑群体风貌问题则会显得有些力不从心。

新城风貌规划决策的复杂性一方面来自非理性风貌要素判断带来的复杂性；另一方面，来自于城市规划决策体系的复杂性。新城风貌规划的复杂性既源于当前新城规划实践过程中不确定因素的不断增加，同时还有其自身"动态性""多变性"本质所决定的复杂性。一方面，风貌规划带来了风貌在城市规划体系中的层次定位与管理实施难题；另一方面，新城风貌所包含的复杂内容，使得涉及城市美学等隐性风貌要素的管理本身就成为一个复杂问题。

最后，新城开发建设的实践中，风貌规划应起到的作用也值得商榷。一方面，多元利益主体博弈的复杂形势下，风貌规划在新城建设中的控制作用不可能是至高无上的，寄希望于风貌规划解决一切城市乱象的想法本身就过于理想。另一方面，现实条件下，基于一般系统论的新城风貌规划管理往往只能对单体建筑形象起到具体的引导和约束作用，较为适用于对城市重点区域形象工程的重点管制；对于尚未发展成形，或正处于快速建设阶段的一般区域建筑群体形象管控往往事与愿违。

4.3 新公共管理理论视角下的新城风貌规划控制

4.3.1 公共管理与公共政策

公共管理学（Public Administration or Public Management），是综合运用管理学、政治学、经济学等学科的理论与方法，研究公共组织特别是政府组织的管理活动和规律的学科群体系。

公共管理学视角下政府的基本职能之一就是城市管理职能。新城风貌规划的最终目的是为新城的开发建设活动服务，涉及新城风貌的规划管理自然也属于公共管理的组成部分。作为一种规划管理工具的新城风貌规划，同时也是城市空间价值的践行手段，新城建设中的诸多复杂难题，不仅包括空间形态的设计问题，还往往涉及公共管理制度搭建、开发政策制定等上层建筑的问题，因此将其看作城市的公共政策之一也无可厚非。从这个意义上来讲，政府对新城风貌规划的介入和管理，实际上就是新城风貌公共政策发布和实施的过程。

4.3.2 公共政策与风貌规划

新城地区的风貌规划更多地被运用于指导新城公共空间的开发和建设，新城风貌规划因而往往关联到一个或多个开发商的切身利益。从公共利益的需求角度出发，同一新城（或片区）的不同开发商，其个体设计目标的实现应以确保新城总体规划目标（良好城市风貌）的顺利实施为前提，这也是新城开发建设区别于单元地块内某特定开发建设项目的最大不同。这种情况下，新城开发建设活动中的不同开发主体、规划管理的不同执行部门，首先需要建立协商、对话的平台来达成对同一新城（片区）的共同愿景。公共政策具备引导、调控、分配和创新四大功能，并可以融合行政、法律、经济和沟通四种执行方式，因此，在规划体系中建立公共政策机制是应对这一发展趋势的最佳选择。

作为公共政策的新城风貌规划，其中立的价值导向可以保证规划管理部门以公平公正的方式去指导和管理新城中的开发建设活动，从而有效避免开发商因私人利益选择的偏颇带来风貌混乱与失调。作为新城中最大尺度"公共物品"的风貌规划，从"私人管理"走向"公共管理"的管理模式更新，有其必要性。

目前，我国的城市建设管理现状以规范性管理为主，各级城市规划体系也较注重限定建设项目的土地使用功能分类等强制性的规范性控制（而非价值性引导）。此外，非专业背景的基层规划管理人员，其对风貌规划成果的判读都有相当的难度，更加勿谈获取公众的了解和支持。新城风貌规划管理刚性需求的前提下，在风貌规划的恰当环节引入公共政策的引导，以公共政策的制定为保证来完善风貌规划管理，既能保证新城建设管理中风貌规划的前置引导功能，又可有效地将以往仅停留于纸面成果的传统风貌规划管理模式更新为公共政策引导下的城市管理新模式。

4.3.3 新城风貌的"公"与"私"

公共管理学中的"公"指国家的、共同的、公开的、公正的，具有社会共同性和共享性；"私"指私人资本的、私密的、个体的、利己的，具有个人私有性和排他性。共享性与排他性的对立，导致了"公"与"私"的对立。

在市场化经济高度发展的今天，私人资本正逐渐成为我国城市开发建设的主体。建筑风貌作为外向化的商品符号，引人注目和张扬才具有营销价值，然而，过于繁杂的建筑风貌极易导致其与周边视觉审美关系（城市整体风貌）的混乱，不仅会降低城市空间场所的文化品质，而且会贬低、损害周边建筑的视觉传达效果，从而使其他业主和社会公众的利益受到损害。作为社会公众共同的生理、心理、视觉体验和文化需求，新城风貌所涉建筑的"肖像权"具有非排他性、非竞争性以及最为典型的公共产品属性，因而城市（建筑）的形象风貌绝不仅属于房产所有者的私人物权范畴。

4.3.4 新城风貌规划控制的公共属性

公共属性是公共管理的基本逻辑起点。新城风貌规划控制的公共属性体现在以下方面：

4.3.4.1 新城风貌的公共性

新城风貌的公共性体现在两个方面：首先，新城风貌与地区人们的身份认同密切相关，风貌不再仅仅是作为一种自然和社会科学家客观描述的物质性概念，而且是一种变化的文化观念和身份认同结果；其次，新城风貌在文化、生态、环境和社会等领域具有重要的公共利益作用，其本身也成为一种重要的经济发展资源。针对新城风貌的公共性认知，是认知主体（城市中的广大市民）的公共表达，是认知主体在交往、沟通中对自我和差异的超越，新城风貌因而具有了真正的公共价值。

新城风貌的公共属性决定了新城范围内公共空间及建筑设计首先应符合基于社会公共价值的判断，这种判断既需要形成专业视角下建筑师和规划师的积极认知和有效导控，也需要达成多数市民的社会公共价值取向以及大众审美意识进步与提高的社会共识。

4.3.4.2 新城风貌规划参与主体的公共性

新城风貌规划的服务对象是全体市民，新城风貌不仅是重要的公共资源，同时也可以被视为城市的公共利益。因此，新城风貌规划的参与主体也应具有公共性。

1. 管理主体的公众性

新城风貌具有内在文化性与外部经济性等属性。现行城市规划管理体系中，风貌规划由政府规划管理部门统一管理。然而作为一种公众资源，风貌规划的管理主体除了应该包括政府决策者、规划设计者、权威专家等特定群体，还应该包括广大市民为代表的公众主体以及与新城风貌利益相关的社会团体等。

在对新城现状进行充分研究的基础上，新城风貌规划在着重分析新城的社会、政治、经济、人文条件和环境特征的同时，也应加入对风貌社会价值、社会公众意愿和公众风貌感知的调查。新城风貌规划过程中的公众参与或许可以借由风貌编制阶段对公众意愿和公众感知的调查工作以及风貌审批实施阶段中的公众咨询开始，最终促成兼具深度和广度的公众参与有效性的提升。

2. 参与主体的公共性

新城风貌规划参与主体也有极强的公共性。新城风貌规划控制的审批实施管理过程中，规划主管部门需要获得不同利益主体对于规划过程足够的支持与理解，才能获得相对应的合法性。公众利益的实现才是政府管理的最终价值判断标准，这也意味着政府主导下的风貌规划管理过程需要更为广泛、多元的利益主体参与规划中。

从控制论的角度来看，风貌规划中的公众参与本质上是通过评价与反馈机制来修正或调整施控主体对受控主体控制目标的复杂过程。从我国新城风貌规划乃至城市规划体系目前的实际情况看，我国现阶段城市风貌规划中的公众参与仍属于被动告知与接受的象征性参与阶段，远未进入实质参与阶段；另外，我国城市规划体系中公众参与的制度建设、程序规范等方面已经或正在付出巨大的努力，但公众参与主体如何确定、公众参与的层次、领域、信息反馈的处理方式、处理截止期限、奖励措施等诸多方面仍然没有具体且明确的规定。

4.3.5 小结

新城风貌规划是一项多方共同参与的实践活动，风貌规划控制的成败与其中所涉及的角色密切相关。在城市建设活动中，不同的参与者对城市风貌规划产生的影响和拥有的权利很少是平等的。事实上，只有很少数的建设项目能够完全由规划管理部门来管理并决定建设质量，新城内开发建设活动成果的优劣很大程度上取决于投资者和开发主体的专业程度以及对新城整体风貌价值的认知程度。

考虑到良好的建筑品质以及和谐的城市风貌能够提升开发项目的远期价值，在新城开发建设的"事前阶段"，就有意识地着手进行设计审查和审美引导，将风貌规划成果直接作为规划或建筑设计方案审批和核发"一书两证"的依据，以公共政策的形式尽早激活风貌规划的前置功能，并将其作为建设项目的限制性设计条件，也可以使其成为保障新城建设品质、最大限度地实现公共利益的重要手段。

综上所述，鼓励形成政府主导下的多元利益主体共同参与新城风貌规划控制的创新管理机制，对充分发挥所有参与者在新城建设开发过程中的作用，具有重要意义。在一定程度上，这也是当前新城风貌规划管理的最新任务。

4.4 转向公共文化管理的新城风貌规划控制

4.4.1 新城文化趋同

如火如荼的新城开发建设过程中，在重视功能主题、轻文化表达的城市规划背景下，"理性、效率和公平"的现代公共管理成为趋势，风貌规划过程中城市空间文化意义的生成被极大地"无视"（轻视），伴随着建筑工业的高速发展以及建设方式、材料的规模化、同质化，各大新城的规划设计往往被简化为林立的玻璃幕墙摩天大厦，雷同的天际线、相似的大广场、山寨的建筑景观，缺乏城市文化滋养的"现代"都市，只是工业逻辑下不合时宜的堆砌。

新城风貌趋同背后的深层原因，可以归结为市场经济模式下，城镇化加速和建设方式革新过程中对城市的"理性"管治，实质上只是针对新城物质空间形态的调控，而不是对城市公共文化秩序以及场所体验的调控，这种片面性打破了城市与文化应有的有机秩序，即经济逻辑粗暴取代了人与城市之间应有的亲和关系。此外，"千城一面"的新城文化趋同现象，既是城镇化加速和建设方式革新使然，也同时反映出现阶段对城市与建筑特色风貌的认识不足，究其原因，则是风貌规划乃至城市设计管理有效管控的制度化措施滞后所致。

4.4.2 文化与城市风貌

4.4.2.1 风貌与文化

文化属于人类的范畴，它是人类改造自然的过程和结果。风貌是城市长期继承和积累而形成的肌理特征、文化韵致、精神格调等特质性状态，其本质是人与城市文化相互作用的映射。

风貌与文化的关系反映在人的属性上。风貌是长期以来人类改造自然环境的结果表征，它反映了人与自然两者之间的相互作用结果，具有文化性，表现为景观（相当于文化景观的概念），风貌研究是为了让越来越远离人的现代城市重回人的属性。

4.4.2.2 城市风貌的文化性

传统的观念认为：文化是人类在社会历史发展过程中所创造的物质财富和精神财富的总和。广义的文化主要包括物质文化、社会制度文化和心理文化（精神文化）三个方面。其中物质文化是指人类创造的物质文明，是可见的显性文化；制度文化和心理文化分别指生活制度、家庭制度、社会制度以及思维方式、宗教信仰、审美情趣，它们属于不可见的隐性文化；心理文化则包括文学、哲学、政治等方面的内容。城市风貌因此成为文化的自然、社会及人文三种维度（即城市文化的物质性、社会性和精神性）的统一，如图4-2所示。

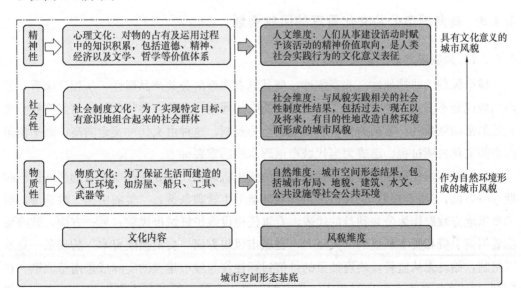

图4-2 文化视角下的城市风貌维度与特性
图片来源：根据收集资料改绘。

4.4.2.3 文化治理与风貌规划

风貌规划从本质上来看，是城市空间文化秩序的建构问题。与文化治理的关注内容相似，风貌规划同样涉及政府公共管理的机制、机构、策略等层面的内容。如前文所提出的，风貌规划管理过程中，突出对保障机制、管理程序等的建构，实现风貌规划控制由"要素式的控制法则"向"风貌引导策略"的转变，正是文化艺术公共治理的重要特征。新城风貌规划从本质上来看，是新城空间文化秩序的建构问题，涉及自我与他人、主体向度与客观世界的关联问题，其难点在于管理主体与多元利益主体、新城公共空间文化之间利益平衡的交接点。

文化治理视角下的风貌规划具有其独特性：针对风貌的文化治理不仅是公共文化的传统管理，而是更为强调核心管理组织引导下的多元自治；风貌规划管理也不再只关注管理技术、管理机制等，而是将"城市文化/公共文化审美"等内容涵盖其中，使之成为理性思维与管理学、社会学思维的有机结合。

4.4.2.4 新城风貌规划的公共文化意义

新城建设的目的就是解决城市快速发展扩张过程所带来的种种问题，新城风貌规划的本质要求和核心价值，也不应只满足于高效的城市建设和经济开发需求，而更应反思新城自身应该具有什么样的人性空间和文化特色。

"公共文化"转向下的新城开发建设实践追求的是社会认同基础之上的经济、政治、文化的和谐统一。风貌规划作为一种功能性的"管理工具"，其作用亦应转向实现规划管理的社会目的性，即真正强调风貌规划的社会目标和社会价值，促使新城的城市风貌从散乱的私人文化（个体价值取向）向公共文化的整体利益（社会价值取向）回归，从散乱多元（建筑单体的风貌要求）向有机多元（建筑群体的风貌和谐）转变。

4.4.3 转向城市公共文化管理的风貌规划

4.4.3.1 风貌规划的空间文化属性

城市风貌的非排他性、非竞争性，使其具有典型的公共产品属性。从程序来看，城市风貌规划不仅是一种常规的工具性的物质空间规划，更是一种特殊的、与经济社会文化效果密切联系的、复杂的社会过程及其行为规则。这种由文化冲突走向高一级平衡态的空间文化协调过程，已成为当代城市治理水平的重要标志。

我国城市风貌特色的塑造正处在难得的历史机遇期，也处在前所未有的严峻挑战时期。一方面，《城乡规划法》《城市市容和环境卫生管理条例》、"美丽中国"政策等，明确要求地方政府作为公共利益的代表，有责任建设维护好城市风貌；另一方面，政府面临着招商引资和资本利益的巨大压力，在城市风貌方面"决策追随资本"的现象一直难以遏制，始终无从监督，政府抽象的价值目标往往与城市建设的实际成果南辕北辙。在"公"与"私"的利益博弈过程中，政府如何真正有效地控制私人资本的"诉求"不损害公共文化需求，及时、有效地引导提升城市风貌的特色与品质？转向城市公共文化规划管理的风貌规划是一种有效的控制途径。

4.4.3.2　作为公共文化管理内容的新城风貌规划

快速增长的新城的开发建设中，为了追求开发建设和经济效益达成的最快速度，开发商往往没有实际考虑新城乃至城市的自身特点，简单地模仿或照搬国外"优秀"建筑，无视城市肌理的同时忽略了城市文脉的延续问题，自然不会形成协调的城市风貌。此外，为了突出新城形象，开发者往往利用独具识别性的、"新奇"的建筑（群）打造每座城市，试图将新城建设得"独一无二"。在此背景下，新城区域内大量的建筑设计，往往无视其与新城空间环境应有的平衡关系，新城应有的整体和谐风貌被肆意切分直至支离破碎、杂乱无章。新城空间雷同，城市体验相似，"千城一面"的尴尬局面最终形成。

新城的开发建设牵涉多个开发者，比起规划管理中的效率与公平的悖论，新城空间的城市文化失落与建筑群体秩序混乱才是新城风貌规划的根本问题所在。新城的风貌问题从本质上说，是社会公共空间中文化内在的秩序失调问题。要解决风貌规划过程中的种种问题，首先要转变对风貌问题本源的认识，并及时更新升级对其的管理方式。

4.4.3.3　从公共管理到公共文化管理

1. 公共管理的弹性以及效率缺失

新公共管理理论以"公共""管理"与"法治"为其核心要素，主张通过政府与社会组织、公民之间的有效合作来实现对公共事务的管理。公共管理的体系下，各种公共行为均被置于法治框架内，由管理部门结合各种法律法规对各类公共管理现象进行阐释和说明。

然而，风貌规划由于涉及公众审美的问题，其中的一些较为灵活的、难以用明确数字标准或刚性指标描绘的内容，较难以具体指标衡量。公共管理模式下"效率优先兼顾公平"的管理模式无法合理地对此类柔性管理内容进行控制，"多元共同治理"为代表的公共管理模式在应对城市风貌等具有"柔性特征"的管理难题时，往往因为管理对象标准不明、标准不一导致公共管理的实施过程再度陷入无所适从的尴尬局面。

此外，公共管理对法律的关注，虽然能够克服传统公共行政对个体权利的忽视、避免机关重叠和利益冲突，却很难保证管理的成本—收益和效率。以新城区域的风貌规划为例，短周期内大面积的开发建设行为往往与一个或多个开发者有关。区别于单个项目的开发建设，新城风貌规划因为涉及城市公共空间的开发和建设，必须考虑公共的利益需求，因而与开发建设活动相关的大小事宜均需要多元参与主体的互相协作，这种情况下，一味地推行多元主体的公共管理反而会导致管理效率的下行。

2. 风貌规划由公共管理向公共文化管理的转变

公共文化管理又称公共文化行政，是指以政府为主体的公共组织依据国家方针政策、法律法规对各类文化活动进行规划、组织、调控的行为。1980年以来，受"新公共管理理论、服务型政府"等管理思潮影响，公共管理逐渐转向更强调社会文化公共服务效益的"公共文化管理"和"公共文化服务"。缺乏弹性的传统公共行政管理向富有弹性的现代共同治理型文化管理的转变,可以看作是政府在满足社会文化发展需求并应对产业结构升级和政府失灵等问题时的需要。

4.4.3.4 公共文化管理的运行基础

公共文化管理实现的基础一般包括以下两个方面:一是政府主导管理格局自身的完善与发展;二是政府主导下的管理主体多元化和管理方法多样化。前者需要形成政府管理为主导下多元治理模式,后者尤其需要建立非政府主体参与公共文化管理的保障机制。结合我国现行的城市规划管理体系,转向公共文化管理的新城风貌规划的顺利推行需要以下两方面的运行基础:

1. 形成政府管理为主导的多元主体管理格局

共同治理理念承认政府非全能和政府的有限责任,强调多中心治理,要求管理对象的参与。通常来说,科学合理的公共文化管理主体应该是一系列来自政府但又不限于政府的社会公共机构和行为者。考虑到新城开发建设的特殊属性,为了确保管理的有效性,对新城风貌规划的治理必须是多元主体在政府主导下的共同参与,多元主体管理格局中可以包括政府部门、私人企业、社会团体、公民等在内的城市公共文化利益相关者。

2. 建立健全非政府主体参与公共文化管理的保障机制

公共文化是面向社会公共领域的非营利性文化供给系统,公共文化的供给取决于代表国家的政府主体和各种非政府主体的共同努力,具有公共文化属性的风貌规划也不例外。新城风貌规划管理过程中参与主体的多层次性催生了不同的利益诉求主体,从目前我国的城市风貌规划实践来看,风貌规划管理的参与主体不仅包括各级地方政府与行政主管部门、开发企业,还包括规划专家、非营利性组织(社会团体)、公众等参与群体。共同治理以利益相关者理论为基础,因此共同治理的主体应该是所有利益相关者。鉴于我国公共文化管理中的非政府主体参与尚处于起步阶段,针对风貌规划的共同治理急需建立非政府主体参与管理的保障机制,以为之提供良好的制度环境。

4.4.4 小结:公共文化管理视角下的新城风貌规划实践路径

良好的新城风貌规划需要以合理的公共文化取向、精准严谨的城市定位为基础,形成清晰的总体风貌规划、高品质的形态设计、切实可行的开发建设、完善的管理与监督等全过程管理框架。从目前我国城市风貌规划的过程来看,风貌规划的技术手段正趋于稳定;但是决定风貌规划成败的关键因素—支撑体系和审批实施机制依然有待完善。以公共文化管理理论为指导,"政府—专家—公众—政策"四位一体的支撑体系,能够有效地保证新城风貌规划各层面价值的有效落实。

1. 政府主"导"的多元创新管理机制

公共空间文化管理所涉群体广泛而复杂,为方便沟通、网络管理、有效协调,西方国家多数城市成立了专门的文化规划顾问委员会以负责文化规划事务,成员包括专职文化规划人员、政府官员、公众代表团体、商业或非营利组织等各方利益代表,是直属于地方政府的协调机构。考虑到新城开发建设的特殊性，结构可相应地简化，但仍应是多元主体在政府主导下共同参与的管理机制，以促使新城风貌规划管理从静态、单向度的政府部门行政管理走向动态、双向互动的多元组织管理模式。

2. 专家主"谋"的专业技术把控

新城风貌命题具有长期性、综合性和不可量化性，规划专家的权威认知，一方面可以提供更为全局的、持续的、专业的知识和行动策略，并不断地总结和提升；另一方面可以有效地协调各不相同的文化诉求，并为相关的政策法规、行业标准提供技术支撑。从国际经验看，多数欧洲国家都设有专门的规划专家顾问机构，如荷兰设有独立专家组成的设计控制委员会；法国、日本的景观法规定了这些委员会的成员构成及其法定职能；上海也已在实行地区规划师、风貌顾问等制度。根据现行国情和城市规划管理体系，各地的重要新城，应尽快建立和完善稳定的权威专家顾问组（规划委员会/风貌委员会），施行风貌审议（审查）制度。

3. 动态有效的多层次公众参与

新城风貌规划管理活动以实现有机多元的风貌特色为公共价值取向，不仅要求风貌规划决策本身的科学性、文化艺术性和前瞻性，更要求规划管理过程的公众参与，落实过程民主性与公开性。

考虑到公众对风貌规划的认知层次不一，在风貌规划管理的不同阶段，采用类型丰富的公众参与形式，更有助于提高城市风貌规划的合理落实。例如，在编制涉及重点地段、重要公共项目的城市设计时，公众参与可与规划委员会相结合，通过建立由规划委员会组织调查、征求公众意见的机制，提供更多更广泛切实的风貌建议，提高风貌规划编制的落地性；而在权威专家顾问组（规划委员会/风貌委员会）审查项目方案的阶段，可以通过探索公众旁听会的方式增加决策过程的公开透明。此外，还可通过建立地区规划师制度，引导居民展开更为有效的公众参与。

4. 完善有效的制度（政策）保障体系

我国以控详规为核心的城市规划管理体系以及相关的法律法规体系已经建立，但关于风貌等公共空间文化的体系远未成熟，具有可操作性的公共管理依据有待建立和充实，上海虹桥商务区对此展开了富有成效的体制机制创新探索。尽快建立起行之有效的风貌规划管理机制、风貌跟踪监督机制、风貌审批验收机制是迅速提升我国城市风貌治理能力的当务之急。

4.5　价值论视角下的新城风貌规划控制

作为一种城市治理实践活动，新城风貌规划具有其客观价值。市场化经济高度发展的今天，私人资本正逐渐成为我国新城开发建设的主体，巨大的商业利益直接导致了多元利益群体对新城空间资源的过度需求，并往往导致新城风貌规划价值观的扭曲和新城整体风貌的混乱，降低新城空间文化品质的同时，也导致新城风貌规划的价值无法得到充分的实践。建立风貌规划价值从理论阐述到优化实施的路径、正视新城风貌规划价值的研究是破解以上困境的办法和基础，也只有树立正确的风貌规划价值观、重塑新时期下风貌规划核心价值体系，才能真正地实现新城建设的有机、有序、和谐发展。

4.5.1 价值论与新城风貌规划

4.5.1.1 价值论与价值观

价值论中的价值并非一个简单的实体概念，而是用于指代主体需求与客体属性之间的某种特定关系。价值论认为，价值来源于客体，取决于主体的需要，没有主体的需要，就没有一系列的价值活动的基础，价值的实质正是客体对主体需求的满足，因而，价值最终还是通过人的实践而实现的。

价值观是人基于某种思维感官的认知、理解、判断或抉择，即个体对客观的人、事、物的意义的评价、看法、认识或定位，也可以指代确定其重要性或是非的思维方式或价值取向。同一价值观可以对个体行为以及群体行为乃至整个组织的行为同时产生影响。

公众是新城空间的使用者，风貌规划对实现更多的公共空间、提供宜人安全的居住环境、展示更活跃的城市文化等公众利益诉求的满足过程既是体现公共价值的民主过程，同时也是一个多元参与的过程。缺乏多元参与主体的新城风貌规划更像是反映了规划设计者及政府决策者精英主义式的一元价值观，而非一种公共价值观。

4.5.1.2 效率还是公平？新城风貌规划的价值抉择

市场经济下，新城的开发建设注重效率，希望通过各类建设项目的快速开展，促进新城经济发展。然而，作为公共文化管理的内容，新城风貌规划的主要目标是在秩序和公平的前提下，通过社会资源的合理配置，合理规划新城土地建设方式，解决城市开发建设过程中空间文化秩序的内在混乱并努力实现社会公平。相比于以追求效率为目的，新城开发建设应将弥补市场缺陷为目标，在追求社会公平的基础上实现建设效率和社会公共价值的最大化，以及社会公共资源的公平配置，这也是新城风貌规划的核心价值。

现阶段我国新城风貌的混乱，恰恰是由于风貌规划控制的实践中偏离了风貌规划的核心价值，是强调效率、忽视公平的必然结果。

4.5.2 新城风貌规划的价值关系

价值关系即价值主体（人的需要）同价值客体（事物属性）的关系。风貌规划的价值关系一方面表现为经济、社会、文化及美学等方面的风貌价值不断地满足社会及个体的诸多利益需求；另一方面，多元的风貌规划参与者为最终实现良好的风貌规划（实施）成果不断地协调均衡各方利益，并影响了风貌规划不同价值体现的实践，如图4-3所示。

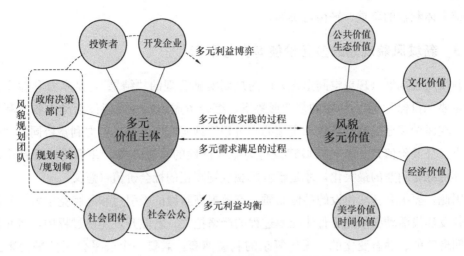

图 4-3　新城风貌规划的价值关系示意
图片来源：作者绘制。

4.5.2.1　多层次的新城风貌规划价值

新城风貌规划具有公共价值，体现在新城公共空间的营造、公共利益的维护中。风貌的公共属性决定了针对其的规划管理中一方面应引导开发商聚焦整体关系、避免单元地块各自为政；另一方面，应尽快摆脱学科语境对色彩、风格、符号、设计手法等多元性的扼杀，避免"一管就死"。

新城风貌规划更具有独特的空间文化价值。它绝不仅仅是对物质要素的简单控制，更要彰显城市文化特征与性格特色，解决新城开发建设过程中文化失序的问题。良好的新城风貌规划通过从人文、艺术、心理感知和心灵感受等精神层面出发，在城市空间形态建设过程中重视和培育城市之"风格"、城市之"精神"、城市之"意境"，弥补法定性城市规划的"特色"缺位，催生新城公共文化价值的生成。面对宏大庞杂又独特的空间文化属性，须尽早进行城市美学的专业判断与公众引导，发挥城市风貌规划的前馈和洞察功能，在城市设计、控详规之前、之间作不同程度的研究，使涉及审美价值的风貌要素管理的实施阻力最小。

4.5.2.2　多元的新城风貌规划价值主体

新城建设的不同参与者对城市风貌规划产生的影响和拥有的权利很少是平等的，他们对风貌规划有着各自不同的利益诉求，且都冀盼从风貌规划中获得最大收益。代表私人利益的新城开发企业及投资者，拥有十分强大的资金优势和文化话语权。代表公众利益的地方政府，既要提供公共产品营造美好的城市形象，又要维护好投资氛围提高经济竞争力。社会群体、普通市民和外来游客，直接承受着新城开发建设活动的结果。规划建设专家作为独立的调停人，要维护城市公共空间文化的长远使命。

新城开发建设过程中，不同群体利益的冲突直接决定了风貌规划价值主体的多元化，但风貌的社会属性决定了新城风貌规划实践的核心问题，在于风貌规划过程中对多元价值主体利益的尊重、平衡与协调。

4.5.3　新城风貌规划的多元价值博弈与平衡

新城风貌规划（理想空间形态）作为规划实施管理的"结果"，是多方利益主体协调的主要"目标"。多元博弈的复杂形势下，综合考虑新城开发建设活动中各方利益的同时，在风貌规划编制、审批和实施的全过程管理实践中，寻觅各方利益协同的"价值平衡点（公共价值）"，引导新城建设行为循着良性的轨迹开展，并最终实现社会、经济、环境综合利益的最大化，才是新城风貌规划真正的社会价值（意义）。

因此，要提升新城建设的整体品质、有效提高新城的吸引力和品牌竞争力，其范围内的开发建设活动必须经历整体统筹过程的严格把关。新城开发建设过程中，多元价值主体间现实的、动态变化的、无比复杂的利益博弈，需要一个公平公正的平台来进行协调。

4.5.3.1　新城风貌规划中的价值博弈

新城风貌规划过程中多元价值主体的不同诉求成为不同利益主体相互博弈产生的主要原因：

公共利益主体、私人利益主体及社会团体等价值主体对新城风貌规划的价值认知不同，所导致的价值取向也不尽相同，不同价值主体目标诉求的不确定性和动态变化性，又导致不同利益主体的利益目标发生动态变化。以政府为代表的公共利益主体，其核心价值诉求除了经济增长、环境品质优化和城市形象提升等公共利益职责以外，往往还肩负一定的政治目标；同一区域内的私人利益主体与其他利益主体之间、不同私人利益主体之间对社会效益、经济效益、品牌影响力等方面的利益抉择往往以市场的动态变化为基准，私人利益主体的价值追求因此具有极大的不确定性和动态复杂性；诸多社会团体的利益诉求往往同时包括社会、经济、政治及文化等内容，即便面对同一规划目标，不同团体因该诉求与自身关联的亲疏远近不同，也可能会秉持不同的价值取向。上述复杂的、不确定的、动态变化的价值博弈加剧了新城风貌规划实施的不确定性。

4.5.3.2　价值博弈下的新城风貌失控

新城建设活动中，价值往往与利益直接相关。风貌规划实施管理过程中参与主体的多层次性催生了地方政府、主管部门、开发企业、规划专家、公众等不同的利益诉求主体。在城市建设的现实博弈中，多种利益主体之间常常表现出动态和复杂的利益冲突。例如，面对私人利益主体施加的各种压力（资金、建设周期等）时，公共利益主体往往会出现一定的妥协，或者通过实际操作中的"自由裁量"满足来自私人利益团体的非合理诉求。以政府为代表的公共利益主体的价值取向失衡将直接导致新城开发建设过程中的群体风貌混乱、公共空间被侵占、休憩空间品质不佳等"风貌失控"行为。

由于各个主体所代表的价值取向、关注焦点均有所不同，不同参与主体之间利益博弈的复杂过程被隐藏在风貌规划所涉及的每一项导控指标或每一条形态控制要求背后。

由此，开发企业、政府部门与社会公众三者间形成了以城市开发建设为目标的，既统一又对立的矛盾统一体，如图4-4所示。

4.5.3.3 新城风貌规划的多元价值平衡

城市风貌规划的实施管理过程中，多方利益矛盾的产生不可避免。为了达到多方共赢、可持续发展，实现相对理想和均衡的社会发展目标，各方利益主体均应且必须做出一定的妥协，最终达到"公共价值大于个体价值之和"的共赢局面。

首先，所有利益相关者需要达成共识，即整体利益的均衡发展优先于追求自身利益最大化。

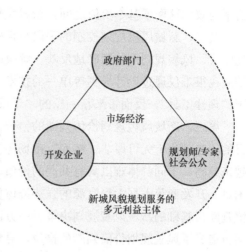

图4-4　新城开发建设中的多元利益主体
图片来源：作者绘制。

其次，权衡整体得失的情况下，各利益主体应结合自身需要，重新审视长远利益与当下利益的轻重选择，通过对自身及他方诉求的上限值、满意值、接受值及下限值等不同尺度价值的合理掌握，更为清晰地梳理、判断并明确彼此真正的价值取向和利益诉求。

最后，"平衡"是对于各方利益主体相对公平的结果，多元价值平衡的达成绝不应以牺牲或降低必要的公共利益为"交涉点"。

新城开发建设的过程中，多元价值的博弈矛盾不可避免。公共利益与私人利益的平衡，既不能损害公共利益以实现私人利益的最大化，也不能损害合理的私人利益而实现公共利益的盲目扩张。

4.5.4　新城风貌规划的价值取向

作为一种公共管理行为，新城风貌规划的目标不仅包括促进城市开发建设活动中的效率提升、实现城市开发建设活动中的利益公平，还应该以促进新城风貌实现有机和谐的发展为更高层次的价值取向。

4.5.4.1　新城风貌规划控制的价值困境

城市公共空间文化的价值，在实践中常常湮没于重利、轻义、如火如荼的新城开发的洪流之中。新城风貌趋同与缺乏文化滋养的深层原因在于，对城市的所谓"理性"治理，实质上只是针对新城物质空间形态的调控，而非对城市公共空间文化秩序以及场所体验的调控。这种片面性的所谓治理，往往反而打破了城市空间文化的有机秩序。新城风貌规划面临着诸多价值困境。

首先，新城风貌规划中存在着公平与效率的悖论。新城开发建设日益市场化，在这过程中是效率优先，抑或公平优先？是效率优先兼顾公平，还是公平优先兼顾效率？在公平与效率这两项基本价值之间，新城风貌的价值选择时常陷入两难困境。

其二，新城风貌规划控制的手段与目标偏离。现有城市规划体系下，完美的"空间蓝图式"风貌规划不能精确地反映、解决高度复杂的风貌问题，风貌的诸多特征和发展结果也很难仅通过设计导则等单一的技术文件就能预见。现行的管控技术手段每每偏重于"理性工具"，反而带来新一轮的"千城一面"。手段与目标的偏离普遍存在。

第三，新城风貌规划价值判断的错位。将"追求社会公共利益的保障和提升"作为目的，在理论上无可厚非。然而，市场经济条件下社会阶层和不同利益群体的分化程度越来越高，不同群体难以具有共同的价值取向，提取共同目标、达成公共利益变得愈发困难。开发商等占据大量资源的强势群体凭借其社会、政治、经济实力，以强势群体价值判断为基础的新城风貌规划决策，一方面难以避免损害社会公共利益的后果，另一方面也造成了风貌规划价值判断的错位，导致新城风貌规划的价值异化。

4.5.4.2 树立正确的风貌规划价值观—有序发展的效率兼顾公平

新城建设实践中多元利益的矛盾交织所反映出的公平与效率之间的矛盾，以及这种基于价值取向的困难抉择绝不仅是"效率是手段，公平是目的"的简单关系。从长远来看，追求公平的实质是促进更高的效率，追求效率的最终目的也是为了实现更好的公平，新城（风貌）规划的价值取向必须同时包含公平与效率，并最终走向协调、有机的城市空间秩序引导，公平、效率、秩序三者之间是无法分开的。要解决当下新城风貌规划中的各种问题，实现新城风貌规划的制度变革，必须在理念上突出风貌规划兼顾效率公平的核心价值，并在实践中促进风貌规划的价值取向，由满足新城建设效率的需要，向同时满足效率与公平以及城市空间文化有机生长三重需要的方向转变。

4.5.5 小结

城市风貌治理所面对的，是不同价值主体、各自利益诉求但共同、唯一的公共文化空间。风貌规划须确立正确的价值观，即促进新城风貌规划的公共性价值取向，从效率优先转为效率兼顾公平，同时实现新城空间文化有机、有序、和谐的发展。沿用理性主义的习惯思维路径，简单指标式的、要素式的控制，是导致传统风貌规划走向歧路的"鬼魅"。法国、日本《景观法》的经验和教训，可以成为实现美丽中国目标的"他山之石"。

新城风貌规划作为现代城市一项新兴的、复杂的、长期的公共空间文化工程，既需要重塑风貌规划的核心价值体系，还需要积极探索，尽快建立起符合国情、合法合理合情的风貌治理体系。

4.6 本章小结

本章主要对新城风貌规划控制的理论方法作了系统性的研究：首先运用系统论等风貌规划控制领域的主流理论观点，对当前我国城市风貌规划控制实践的理论依据进行了解读，并归纳了不同的风貌规划控制理论背后折射出的控制思想、控制目标与控制方法的不同。接下来从新城风貌的复杂特性、社会属性、公共文化政策属性、价值属性等不同角度对新城风貌规划控制做出不同的解读。

当下我国的风貌规划实践，多是以系统论为指导理论，通过整体层层化解、逐级分离控制的形式来实现的，此过程中，每个独立的风貌要素会被赋予固定的风貌符号或者是特定的指标。然而人们对城市风貌的感受，更多是使用者本身在与整体环境的交流中实现的，并非对个别风貌要素的辨析。"一放就乱"的症结恰恰在于的散乱的"风貌多元化"方式扭曲了城市公共空间的公共价值、文化价值甚至美学价值。

以现阶段国情为背景，遵循一般系统论等自然科学方法论的城市规划管理体系下，风貌规划控制多以单元地块各自为政的、碎片式"物化"管理为主，简单指标式的、要素式的控制是其主要模式，城市空间文化有机、有序、建筑群体风貌和谐的目标被极大地忽视了。要突破这种管理模式的束缚，新城风貌规划管理必须首先厘清风貌规划真正的价值所在，方能走出传统理性主义的惯性思维路径，推动新城风貌规划控制走向"社会共同文化行动"的新型道路。

第 5 章　方法：新城风貌规划控制的优化路径探索

新型城镇化背景下，新城及多数城市的风貌规划多被理解为从风貌规划编制到建筑竣工验收过程的阶段性工作。多数情况下，由于风貌规划控制自身的复杂性，加之风貌规划实施管理的不甚恰当，或者风貌规划编制与审批实施、监督管理等过程未能达到有机的统一等主客观条件，花费较大人力、物力、财力来制定的风貌规划成果，往往在编制结束后就被束之高阁，无法得到很好的贯彻实施。

从系统论的角度来看，风貌规划控制的过程不仅包括前期城市风貌规划成果的编制，更应包括对风貌规划审批、实施的引导控制，以及对建成环境进行评价和反馈的循环修正调整过程。因此，完整的新城风貌规划控制过程应是融合了风貌规划编制与风貌规划审批实施管理以及监督反馈的完善流程。

5.1　新城风貌规划管理的社会学意义

新城风貌规划以公共价值引导、空间形态控制、社会公共审美标准协调和风貌要素管控为具体手段，希望通过改善新城区域整体的空间环境品质来加强社会凝聚力并提供更加多样化的公众福利。其本质目的还是营造反映不同利益主体尤其是社会公众需求的共同愿景，并通过此愿景的达成提升不同群体共同的社会认同感。

从某种程度上来讲，风貌规划跨越了学科与行政的边界，是一种谋求多元利益主体平衡与共赢的协商机制，更是一项政府主导、专家主谋、多元主体参与的社会公共文化行动实践。

5.2　新城风貌规划管理的保障制度缺失

协同学认为，系统的协同管理和操作运行的完整过程都需要一定的协同环境来保证。将新城风貌规划控制视作完整的协同控制系统，风貌规划编制、审批实施管理同样需要通过一定的制度保障才能进行。然而不幸的是，目前我国风貌规划管理过程存在着不可忽视的制度性缺失。

5.2.1　新城风貌规划保障制度的缺位

近年来，我国不少新城都开展了城市风貌规划工作，但绝大部分案例都是形态指导型，而非策略引导型的风貌规划，关注的重点也多集中于建筑高度体量、广场、街道和滨水地带等公共空间的形态控制，对于新城建成环境的形成过程进行控制的风貌规划较为缺乏。我国规划管理中的城市设计要点往往包含不少城市风貌规划的内容，但也缺乏明确的保障制度作为实施依据。风貌规划控制保障制度的缺位集中表现在以下两方面：

5.2.1.1 新城风貌规划的"失势"—保障制度缺失

目前我国各大新城或城市新区几乎没有绝对有效的（独立的）风貌规划，只有相对于特定层次的城市规划中的风貌研究（专项规划），即通常只作为规划补充文件或者某一专题研究（地位不一的专项规划）出现在控制性详细规划中。这种背景下，新城风貌的编制乃至实施控制很难得到保证。建立完善明确的风貌规划保障制度来保证新城风貌规划的编制和控制的有效实施，促进新城风貌的有序发展迫在眉睫。

5.2.1.2 新城风貌规划的"失声"—与现行规划管理体系脱节

受限于尴尬的非法定规划地位，我国大部分新城（城市）已经或者正在编制的风貌规划，大多未能切实有效且深入地融入现行城市规划体系。作为一项公共政策，风貌规划的控制力往往只体现在风貌编制成果中各种规范性或建议性的风貌要素指标上，并不能充分有效地引导、控制新城的开发建设实践。现实条件下，新城风貌规划的"话语权"往往被各类利益主体和具体的建设行为实施方所忽视。

目前，控制性详细规划阶段的风貌规划与城市设计、"一书两证"制度之间的良性互动机制尚未建立。作为开发许可的必要依据，风貌规划的重点内容及管理流程尚未完全纳入法定规划管理环节。由于大多数情况下风貌规划并不直接参与土地出让管理过程，现阶段其与控详规阶段的规划许可条件之间的关系仍是间接的。

5.2.2 建立有效的新城风貌规划保障制度

法定地位缺乏的大背景下，新城风貌规划的实践中，建立健全风貌规划保障制度，一方面，可以在编制阶段就明确肯定风貌规划的地位与作用；另一方面相应的法律法规和保障制度的尽早建立，可为风貌规划编制、审批直至实施的管理全过程提供明确的规范和依据。

考虑到法定风貌规划实施依据缺失的现状，以《城乡规划法》的实施为良好契机，建立健全风貌规划保障制度的法定地位成为当前我国风貌规划的关键问题。为了保证立法的效率，首先，考虑采取门槛较低的立法路径或者初级的法律授权形式（如深圳各区的法定风貌图则、浙江、山东青岛等地的景观风貌条例），来建立初步有效的法规体系；其次，在与法定城市规划管理体系相衔接的基础上，建立相对完备又稳定的风貌规划审查、监督与调整程序；最后，需尽快明确法定风貌规划的强制内容，从而建立一个完整有效的风貌管控法制体系。

值得一提的是，此处的"立法"并非对风貌规划的编制过程、编制程序和结果立法；相反，现行法律制度与规划体系下，风貌规划的编制可以"去法定化"。风貌规划不是"一成不变"的城市"施工图",而是随时发现城市增长机会(比如现有自然资源用途的改变)、辅助规划审批的工具。只有"去法定化"规划编制才能回归其工具本质。风貌规划管理中真正需要"立法"确定的恰恰是风貌规划管理(审批实施)保障制度的法定效力。

5.3 新城风貌规划编制管理的优化

新城风貌规划编制管理首先需要厘清的便是"编制"与"管理"的关系问题。事实上规划管理才是规划的核心,规划编制更应该成为实现和辅助规划管理的工具和手段。传统的以风貌要素归纳与应用为基础的"控制结果"导向的风貌规划编制技术似乎从未真正解决风貌规划的实施难题,有时甚至成为风貌规划应对现实问题的障碍。真正"优秀"的风貌规划编制内容应该以新城风貌规划"目标导向""过程导向""价值引导"等原则按照需要进行灵活的调整和优化。

5.3.1 基于情境共鸣的新城风貌规划编制

情态中的"情"泛指人的心理活动,"态"则泛指人的肢体活动,情态总体来说是指人的心理与肢体活动的情形。心理学角度下,"情态"指代的是欢乐、悲伤、热爱、憎恨、紧张、放松等不同的情感或情绪状态。

理性思维指导下的新城风貌规划,一方面,以建筑规模、开发强度、建筑尺度、绿地率等刚性指标为控制重点,较为注重新城风貌中的"形态"控制,却唯独忽略了对建筑群体面貌,即"情态"的控制和"城市文化情境"的公众认知,导致城市的诗意丧失;另一方面,新城规划管理过程中,规划审批者通常专注于对单体建筑体量、形态、风格等审美价值的判断,却在同时忽略了对大量新建建筑的群体审美价值以及新城片区的整体风貌协调程度进行考量。甚至,拥有绝对话语权的开发主体与规划管理部门主管负责人的个人审美认知与取向偏好,都可以直接或间接地影响新城建设的整体品质。以上原因的总和直接导致了新城整体风貌普遍陷入特色危机。

5.3.1.1 "情态"控制与"情境"认知

基于情境认知与共鸣的新城风貌规划编制过程,通过主体(人)对客体(新城公共空间)的场所体验进行规划引导,来揭示新城物质空间形态建设与背后社会内在精神追求的和谐关系。通过构建共同的"风貌情境愿景"来统一、协调不同利益主体的诉求,为城市空间建设行为的展开提供方向。这样的互动过程既是多元利益主体之间价值协商的过程,也可以作为新城空间开发建设的统一行动框架。不同于传统风貌规划中"单向度"的规划目标设定,这种达成共识的"风貌情境愿景"一旦被各方认可并赋予相应的形式(设计语言)解读,它就自然有机会演化成为场所(城市或者区域)的标志性符号。

5.3.1.2 情境愿景与规划决策

城市风貌规划的复杂既来自风貌编制过程中非理性要素判断带来的复杂，也来自规划管理决策过程的复杂。为了解决风貌规划决策过程中的不确定性和复杂性，基于情境的风貌规划编制将经过多元主体反复协商的同一（或多个）"风貌情境愿景"组合形成一系列行动计划与规划框架。借由体现共同"风貌情境愿景"的规划成果，规划决策者通过对城市空间发展的预测、判断，应对城市空间未来发展的多元性、不确定性。此复杂决策过程中达成共识的"风貌情境愿景"的引导或者约束，可以辅助规划管理者最终做出合理的决策。

从本质上来看，风貌规划的决策落脚点在于城市规划管理体系之中的"空间文化价值"管理。这种针对空间文化价值的管理因为没有明确的判断依据，实施中常以模糊性决策为主，而这也成为城市风貌规划决策区别于其他决策管理的典型特征。作为应对风貌规划决策的复杂性和不确定性而提出的一种规划方法，基于情境选择的新城风貌规划以践行共同"风貌情境愿景"为理想，其目的是通过对新城空间形态发展意向的预判，推动探寻更为"合适的城市发展战略"。基于情境选择的风貌规划编制过程，将不再一味地寻求"最佳的设计方案"，而是通过全面有效的协商，为开发建设行为提供起码的准则而不是最高期望，"保障不产生最坏的设计"。

新城风貌规划的编制过程中，通过"风貌情境"对开发建设活动以及空间文化价值的追求进行预测，并试图解答实际情境中风貌客体对认知主体的意义（认知主体对于风貌客体的评价更接近一种意象、一种态度的传达）。在这个过程中，风貌规划控制的实践过程不再是针对土地指标、建筑高度、尺度、建筑色彩、绿地率等刚性指标的"规范性"解释，而是城市文化在城市空间之中的"价值性"解释（"价值管控导向"的工作思路也取代了"结果控制导向"的传统规划方法）。通过强调把控新城"风貌感知过程"的重要性，重新确立了由"发展目标"到"发展手段"，由"形态、业态"到"情态、神态"的新城风貌全新认知逻辑。新城风貌编制的出发点从"风貌规划结果"转向"风貌引导过程"。风貌规划对新城风貌的塑造也由以往被动式的空间环境感知结果输出，走向更具前瞻性的"有意识的"价值引导。

实际编制过程中，不同层次的新城风貌情境规划分析重点也有所不同。宏观层面要着重解决的是新城整体空间形态发展战略，编制过程中更偏重于整体规划的制定；面对具体开发建设行为的微观层面风貌规划编制，往往可以直接决定城市空间品质，因而此层级的编制内容应更侧重于风貌规划政策的实施，编制过程中尤其需要加强并保证多元利益主体的共同参与。

5.3.1.3 情境选择与规划编制

基于情境选择的风貌规划编制过程中，规划编制者以上位规划中的土地使用性质、容积率等刚性指标与开发企业的开发建设诉求为背景，保持新城物质空间审美情趣的同时将大众的文化、生活诉求融入其中，在多元主体的利益协调（博弈）过程中确定风貌规划的情境，并以情境选择的结果引导、控制相关风貌要素。基于情境选择的新城风貌规划编制不再沿用传统规划管理体系中"任务发布-规划编制"的自上而下编制模式，而是将风貌规划看作一种自下而上与自上而下双向互动的社会共同行动框架，风貌文本的编制过程也转化为新城空间文化意义生成的过程。

基于情境选择的新城风貌规划编制内容包括但不限于以下内容：

1. 项目解读：新城风貌文化价值的组成内容

科学的风貌规划编制首先应建立在对新城所在区域自然环境、社会经济、文化、历史、城市建设、土地利用等现状情况进行的深入调查研究基础上。新城风貌规划编制的前期阶段，可组织专业人员通过文献查阅、实地踏勘、政府部门与社区走访、问卷调查、资源分析等研究手段，对待规划区域展开客观、准确的分析。风貌规划编制阶段所需的基础资料收集主要包括新城的自然山水基底、所在城市历史与文化背景资料、城市典型肌理、区域空间结构、土地利用、建筑形态、城市公共活动、民风民俗等。

考虑到城市风貌规划的公共政策属性，新城风貌规划编制前期即应开始考虑不同利益群体的需求，例如相关利益团体及公众的意见汇总。同时，编制过程也可适度结合专家研讨会、社区工作坊、公众听证等协调步骤，以争取最终的风貌规划成果方案在正式形成之前便能尽量满足多元化的社会、经济、政治和环境等目标，并减少后续风貌审批、实施管理过程中的众多潜在摩擦。

2. 新城风貌规划编制层次：风貌文化价值的具象化过程

新城风貌规划编制过程并非只是完成从"规划任务书"到"规划文本"的新城设计构思和风貌蓝图绘制，其核心目标是解决新城（区域）风貌特色定位的问题，并通过与规划技术的结合，构建完整、科学、高效的新城风貌规划管理框架。

风貌特色定位的关键内容是解决新城空间文化政策的具体化落实问题。良好风貌的形成离不开新城社会发展、自然人文、历史文化等因素的共同作用。风貌规划的编制过程也应重点把握自然环境特色、人文特色、城市功能定位等城市特色，并力求将景观特色、空间文化产业特色、城市人居环境特色、城市形象等多方面的城市特色反映在新城风貌规划编制成果中。

风貌总体规划可以城市总体规划中专项规划的形式出现，重点探讨城市风貌定位、山水格局、风貌区划等内容。作为城市空间文化政策的发展战略，新城风貌总体规划应明确新城的风貌总体定位，并与城市总体规划顺利衔接，指导落实新城整体风貌结构、风貌分区以及重要风貌节点划定等相关内容。

在《景观法》缺席的情况下，风貌控制性详细规划成为新城开发建设项目的审批管理依据，也是面向新城建设的法定性管理需要。新城风貌规划的独特性很大程度在于其文化价值的传达与引导，因此控详规阶段的风貌规划技术文本中表达的地块风貌规划定位与特色说明的法定性一般也应该高于通则式的"指导性要求"。

风貌修建性详细规划是空间文化价值真正的生成过程，也是面向具体建设项目的风貌文化意义解释和风貌要求落实过程。与城市设计、建筑设计、街景设计等具象形态设计相融合的风貌规划成果实施过程同时也成为城市空间文化产品的生产及空间文化意义的生成过程。新城风貌修建性详细规划的成果可通过新城公共空间中的景观，如建筑形态、城市色彩、城市绿地、公共艺术品、广告招贴、夜景照明、公共设施等典型风貌要素表达出来。

3. 新城风貌规划编制内容：风貌文化价值的技术性描述

受限于风貌规划的非法定地位，新城风貌规划编制成果目前未能形成固定的格式及内容深度要求，一般由规划文本、规划说明、规划图则和基础资料汇编或其他专项调查报告等几大部分组成。

（1）其中，风貌规划文本主要围绕新城风貌特色定位与规划控制引导两大内容而展开。文本的编制重点是将新城风貌特色意图、控制原则等分别落实到不同空间层次的规划要素之中，并侧重于新城整体及分区的风貌特色描述、风貌定位、空间结构以及具体风貌要素的引导。

（2）基于情境共鸣的新城风貌规划图则编制重在新城"风貌表情"的塑造。实际编制过程中常以风貌情态分区（或者划定的规划控制单元）为基础，将相应风貌规划要求落实到风貌情态分区（规划控制单元）之中，通过"附加图则"或"叠加规划要求"的方式与对应的规划层级衔接。图则具体内容一般由风貌规划分区、场所表情定位、重点风貌单元划定、示范性建筑控制与风貌引导等内容构成。为达到较好的说明效果，一般还会辅以表情意象、三维模型说明和更为详尽的文字性描述表达对风貌要素间关系进行引导。

（3）规划说明主要是对新城风貌规划背景与现状、风貌规划中的专题研究以及风貌规划成果中其余未尽部分进行解释。

（4）基础资料汇编和专项调查报告主要包括文献资料汇总、调研与访谈资料归纳、相关政策及有关技术规范要求说明、公众参与形式与流程、相关部门的意见等。

长期以来，风貌规划编制管理与审批实施管理之间在编制语言与管理语言上存在着互不兼容的巨大矛盾。为降低沟通成本，风貌编制时应该根据具体需要采用更为易懂的图示、表格、文字说明等不同的组合表达方式，对风貌图则进行解释说明。同时应尽量使用规范的管理语言而规避传统风貌规划文本中大量出现的"协调、统一、提高"等含义宽泛的词汇。

5.3.2 基于情境选择的新城风貌规划编制流程再造

5.3.2.1 风貌规划单元的划定——风貌情态（氛围）分区

与传统风貌规划中以"各自为政"的碎片式用地单元或街区等为基准划分的风貌分区不同，基于情境选择的新城风貌规划情态分区不仅是为了"空间形态化的有形分割"，而且能更好地解释、说明不同风貌情态分区之间的过渡关系以及风格差异，并最终生成有机多元和谐的整体新城风貌形象。

语义学中的"氛围"是指围绕或归属于特定根源的、有特色的高度个体化的气氛。

而从城市的角度，新城风貌的"氛围"可以看作是新城空间所有风貌要素相互协调组合后形成的具有特色的空间文化特征。这种针对风貌的"体验"特性而进行的风貌规划分区，正是基于设定的风貌情境或情态（现象学中的"氛围"）而引导进行的空间分区。

上海虹桥商务区核心区风貌规划控制实践中，采用了基于情境选择的风貌"情态"分区方法：风貌定位为"东方神韵上海之梦"的核心区风貌区（简称"祥云"情态分区）中，又根据空间文化体验功能细分为：春韵区、夏荫区、秋晚区三大不同的风貌情态区如图 5-1 所示，并以此为基础划分了不同的新城风貌控制单元进行风貌管控。

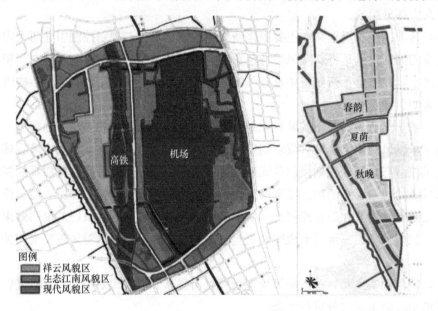

图 5-1　上海虹桥商务区特色风貌定位（左）及"祥云"风貌区的分区示意（右）
图片来源：《上海虹桥商务区核心区风貌控制研究》，2014。

基于风貌情境（情态）引导进行风貌规划控制单元划定，风貌分区不再以理性的单元地块为基准，转而以建构若干深具象征意义以及空间文化特征的新城区域为目标。风貌规划的落实也由刚性指标控制转为空间意象引导，风貌混乱（失控）的潜在风险大大降低。

5.3.2.2　风貌要素的规划引导——风貌表情

表情一词，原本用于描述人喜悦、悲伤、愤怒等典型的脸部特征，对表情的合理认知可以辅助人类探知他人的内心世界或情感状态等具象思维的内容。风貌之于城市，正如面部表情之于人，亦是通过外部的形式将内在文化精神反馈给城市参与者。如同人可以借助某种表情来反映出不同的内心活动，新城风貌也可以通过不同的风貌表情组合来将物质空间形态隐匿的，内在的文化精神和城市气质反映出来。

基于情境选择的新城风貌编制过程，引入表情概念的同时，通过风貌构成要素的不同组合方式，带给新城丰富且不同的"城市表情"和"区域面貌"。引入风貌表情的新城风貌规划编制，将场所氛围的规划引导逐层分解到各风貌要素的表情指标管理中，并以此为基础，借助语言形象坐标系统，采用"分级、定量"的方式，对各风貌要素意向组合的表情进行规划引导。风貌要素表情引导建筑风貌表情，实现了风貌表情的意向性组合，风貌要素的表情规划控制又与对应的启示性图则对应，构成完整的参照依据，如图5-2所示。

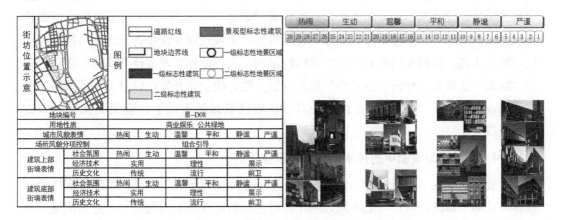

图5-2 上海虹桥商务区风貌规划中的风貌表情意象组合及对应启示性图则

图片来源：《上海虹桥商务区核心区风貌控制研究》，2014。

作为风貌要素的一种整体性表达，场所氛围通过城市风貌表情的有序组合来强调基于某一种共性之下的具体表情引导，从而避免了新城风貌随机、无序、杂乱的表达。

5.3.2.3 重点控制单元的特殊控制——启示性控制

不同于传统规划管理体系中的"强制性控制"或者"引导性控制"（表5-1），"启示性"控制是以"术性（建筑情态+空间神态）"控制为特点，在对建筑群体设计进行情境描述+艺术启发的基础上，经由"领悟""默契"等心理步骤，达成多元主体对建筑群体组合关系"优异性评议"的隐性协调过程。启示性的风貌控制图则，注重于各类风貌要素之间的关系表达以及启示设计师产生文化认同，关注点在于设计引导及风貌要素的整体性关系能否被有效理解与落实。

启示性开发控制体系　　　　　　　　　　　　　　　　　表5-1

风貌控制性质	强制性	引导性	启示性
管理行为属性	符合性管理	品质管理	启示激发
专家评议内容	合格性批判	优异性评议	情态+神态评价
专家评审属性	形态评价		
文本图文属性	规定性批判	引导性要求	启示建筑/启示组群图则

图表来源：《上海虹桥商务区核心区风貌控制研究》，2014。

启示性控制的实现过程中，设计师、规划师与管理部门通过"启示性引导"达成建筑与建筑、建筑群与建筑群组合之间的"默契"认知。风貌控制过程中设计师的创作自由并未被强制性的指标所束缚，设计过程中技术性和艺术性得以保留的同时实现了建筑群体功能多样性与城市空间文化多元性，真正达成了"自治性优化"与"场所气质优化"的统一。"启示性"控制与"强制性＋引导性"控制互相对应又互相补充，在开发控制过程中共同作用，使风貌规划控制走向对城市空间文化的"品质管理"。

笔者参与的上海虹桥商务区核心区风貌规划控制实践中，在现有"量性""质性"控制的基础上，着重增加了"术性"控制，尝试通过"暗示心理学"的方法对新城风貌规划的风格、技术和手法施加影响，利用色彩"联想"、地域性文化情境启发、低碳建筑肌理组合意象等启示性手段，降低（甚至规避）风貌规划实践中管理对象对规划目标认知的不协调。这种专门针对风貌中难以度量的文化特性和艺术柔性创作的、以达成各方"默契"认知为目标的"启示性"风貌控制方法，使新城开发建设过程中随机博弈的多元利益冲突趋于"默契"，并以此开启以新城风貌规划为抓手的空间文化特色塑造"共同行动"。

5.3.2.4 风貌规划编制中的技术文件——风貌图则

传统风貌规划（城市设计）中的指导性图则表达侧重于建筑高度、密度等刚性控制指标与具体形态的结合。与之不同，基于情境选择的风貌规划图则编制，更为侧重于对场所情境（空间氛围）的引导，其表达形式虽依旧遵从规划文本的一般规定（图则＋文字描述），但其在表达内容上已彻底转向对场所情境（空间氛围）的定性描述而非定量控制。

基于情境选择的风貌图则特征如下：

1. 风貌图则的核心是空间场所中"文化意义"的表达，即新城空间文化精神的具体化语言表达形式。其核心内容是风貌导则对风貌控制单元氛围的描述、该区域风貌表情以及风貌要素的引导控制，即：不仅表达风貌要素各自的表情，更包含要素之间的关系表达以及风貌表情背后所代指的特色文化意象。

2. 基于情境选择的图则文本表达不仅采用传统风貌规划中的描述物表达方法，还引入了经验认知下通过意向组合启发的表达方式。如上海虹桥商务区城市风貌详细规划文本编制中，便通过具体的建筑组合意象对"祥云"风貌分区中的"秋晚片区"建筑群体形态/色彩/肌理等组合方式进行直观引导，如图 5-3 所示。

5.3.3 新城风貌规划编制管理的优化路径探索

5.3.3.1 编制内容优化：与现有规划体系和实际需求融合

1. 风貌规划编制与现有规划体系融合

不同新城可以根据自身实际情况和需要，在城市总体规划、控制性详细规划、修建性详细规划阶段等法定的城市规划阶段，通过融入不同的风貌规划方法和管理要求，有针对性地编制风貌规划，并将风貌规划的成果纳入相对应的城市规划体系之中。具体而言：

（1）作为新城总体规划组成内容的风貌专项规划，新城风貌总体规划可以重点探讨新城的总体风貌定位、自然山水格局、特色风貌分区等内容，实际操作中可根据

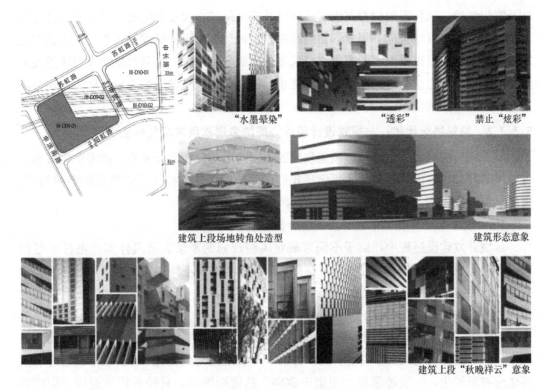

图 5-3 "秋晚片区"风貌建筑组合意象图则

图片来源：《上海虹桥商务区核心区风貌控制研究》，2014。

所处地区自然环境的不同，识别最具地方特色的生态、自然、气候、生活方式等特色要素，建立新城风貌管控引导机制的同时，针对性地提出宏观的新城风貌定位及大致风貌分区。

（2）控制性详细规划是面向新城建设的法定性管理需要。针对新城总体规划中划定的重点区域，实际操作中可以城市设计的思路进行分析、研究和设计，同步开展城市设计和编制控制性详细规划（或修建性详细规划），并将风貌规划的内容融入详细规划，作为地块开发建设规划审批和指导的法定依据。此阶段的风貌规划编制过程中，需在新城全域或者片区（街区）整体的中观尺度上，明确风貌控制的约束性底线，即何种类型的风貌是允许并鼓励出现的，何种类型的风貌是禁止出现的。

（3）新城风貌修建性详细规划阶段的规划成果可与城市设计中的建筑设计、街景设计相融合，规划设计成果直接指导新城中具体项目的开发建设。具体来说，可以在片区内部的微观层面再次划定重点风貌区，出台更为细致的风貌管控措施，并处理好一般地区与重点地区的风貌协调关系。

2. 风貌规划编制与实际需求结合

根据实际需求编制内容各异的新城风貌规划，应在编制开始之前充分进行前期研究，明确并总结新城在塑造城市风貌、延续城市特色方面已有的相关规划设计，并针对新城建设中出现的核心需求和问题，有针对性地开展相关规划。如在总体规划层次缺少涉及空间结构、风貌形象的控制内容，则应补充总体城市设计对应的风貌内容；已有相关上位规划的，可结合已有规划，加强城市重点地段城市设计的编制工作；对于重点地段以外的区域，可以根据实际需求进行编制。无视实际需求，盲目过度地强调风貌规划全覆盖，对所有建筑都提出过高的设计要求，不仅会为新城政府带来财政压力，还会增加建筑设计企业的负担。

5.3.3.2 编制层级优化：与规划设计条件协同的多层次风貌规划编制

考虑到目前国情，合理推进风貌规划的编制速度与规模尤为重要。参考美国城市设计发展的经验，点面结合的做法更值得我们借鉴，即合理地控制风貌规划编制的深度、速度、广度和规模，有区别地双管齐下：

1. 一般地区采取与城市设计协同融合的编制原则

新城开发建设过程中，由于不同区域对风貌规划的要求以及具体实施条件不尽相同，不同地块的风貌需求和控制标准（影响因素）也有所不同。简单地采用普适性办法并普及于所有地块的风貌规划编制工作既费时又费力，"一刀切"的编制方法也容易导致风貌内容缺乏针对性、过于累赘又难以实施。

新城中一般地区的风貌规划编制中，一方面，首先需要明确的是将总体规划阶段的城市风貌规划原则覆盖各个片区；另一方面，一般地区内风貌规划条件要求的程序和内容也应有所简化，一般可采用"图集＋表格"的通则形式，只针对建筑退线、街墙表情、连廊系统等进行通则式控制。这种风貌编制方式可以较好地适应新城范围内大规模、快速建设兼顾效率与质量的独特要求，还可以在有效控制、保障新城基本风貌秩序的同时，给建筑师预留更多的创造空间，鼓励和谐又不失丰富的新城风貌的实现。

2. 重点地区满足精细化、弹性化的编制需求

新城重点地区的风貌规划可以安排在风貌规划实施管理的规划许可条件核发阶段。以科学、合理、保障公共利益为原则，在不突破控制性规划中确定的土地用途、容积率、公共绿地面积、公共服务设施配套规定等强制性内容的前提下，通过引入城市风貌规划专项内容分析，作为地块出让、引导开发建设活动的基本依据。

根据区域建设需要，重点地区的风貌规划编制可以前阶段制定的风貌规划原则为依托，委托相应规划科研机构，从区域内的重点地段、特色地段开始，展开专门的城市风貌研究，并形成真正用以指导建设操作的风貌导则（可由文本＋图则的形式组成）。再反将之纳入控制性详细规划阶段的相应规划成果，以规划要点或补充性导则的形式进入"一书两证"的建设管理程序，并最终以高质量的风貌导则编制促使新城风貌规划实践活动的有效展开。

此外，由于新城中的风貌规划编制内容主要是面对新城开发建设过程中大面积地区三维空间形态的设计把控，其中的整体形态、空间结构、人文特色、景观环境等风貌要素内容很难准确定位和定量。这种情况下风貌导则制定得过细，会导致对于建筑群体或者其他公共空间的控制过于严苛，阻碍建筑师的创作自由并引发设计主体对风貌规划的反感。因而重点地区的风貌规划成果中可保留一定的管理弹性并以目标导向的启示性控

制为主，保留富有个性设计成果的同时促成规划管理者、设计主体与开发主体之间共同认知目标的达成和后续风貌规划编制成果的顺利施行。

3. 风貌规划编制成果内容减负（针对一般地区）

为了避免风貌规划的成果编制既大又全却无实际控制性，风貌规划的编制成果或许可以借鉴芝加哥区划法"一本通则和一张图"的经验，将风貌规划的最终成果与编制过程进行严格区分，优化风貌规划文本和图则的表达形式。

5.3.3.3 参与主体优化：新城风貌规划编制过程中的多主体参与

市场经济条件下，新城风貌规划的编制过程其实是多元利益主体博弈、协调、妥协的过程。风貌规划编制过程的规范性和民主程度，直接决定着新城风貌规划成果的可实施性和权威性。现状情况下纯技术性人员参与风貌规划编制的方式转变为多主体的共同参与，可以有效建立多部门在规划主管部门协调下共同参与规划编制的科学机制，在共同规划中统一目标、统一计划。以法规或政府规章的形式对专业机构、社会团体和公众等多元主体参与的程序、程度和方式进行明确规定，可以进一步有效保证并提高新城风貌规划编制的效率。

例如，在条件允许的情况下，在风貌规划编制的前中后期，即风貌目标确定、风貌方案比选、风貌规划批准等阶段均设立公众听证会，使监督贯穿于每个环节。例如，风貌规划的编制阶段，编制部门可通过会同规划地区规划管理职能部门召开座谈会，邀请规划地区居民、单位、人大代表、政协委员和相关人员参加，听取对风貌规划草案的意见（参加座谈会的公众代表一般不少于十人）；也可以通过网络化治理等方式让公众参与风貌模范的评选，将公众的审美价值判断融入风貌规划成果。对于现阶段公众参与发育尚不成熟或行政效率不高的地区，可通过设立"小区规划委员会""公众咨询委员会"等基层机构作为"桥梁"，征集和传达民众意见。

此外，与风貌审查制度相结合，风貌规划编制涉及重点地段、重要公共项目时，亦应建立由规划管理部门组织调查、征求公众意见的公众参与机制，规划信息发布、风貌资料提供、成果公开展览、公众意见反馈等程序都应逐步规范化。

5.3.3.4 编制技能优化：加强从业者技能素质培养

风貌规划编制过程中，还应加强规划编制人员职业素养与专业技能的培训，明确风貌规划编制工作在新城规划体系运作过程者的目的与意义，增强风貌规划编制工作者的荣誉感与责任心；并及时组织相关人员学习有关风貌规划导则制定的知识与技能，帮助其掌握合理的管制广度与深度。

5.3.4 小结

对新城空间环境的受众而言，能否从新城广阔的公共开放空间中获得审美愉悦和认知升华，取决于新城环境中的建筑形体、立面色彩、材质肌理、开放空间等物质形态是否能引起他们对场所内在审美意趣与文化内涵的共鸣与联想。人们感知新城风貌的过程,需要处于有意向性的特定情境之中,只有在其中形成直接的感情共鸣,才能形成对新城空间文化意义的认同。

所以,对新城风貌规划编制的认识,应当摆脱风格、符号或某种设计手法的局限,深入受众接收风貌信息的过程。深化到新城风貌规划编制的具体过程,规划编制前期,城市规划师即可以有意识地引导建筑设计师、开发企业等从个体感知维度上对风貌愿景的情境产生共鸣,再通过设计师之手构建可以营造此情境的空间。

新城风貌规划编制是场所意义文本化的过程,不仅反映了规划管理者对未来空间形态的理性思考,还包含了对其价值理性(空间文化价值)的综合性描述,是一种基于公众意愿的情境愿景表达。在现有的风貌规划编制制度之下引入风貌"情境"规划,将传统风貌规划中的"刚性指标控制"升级转型为基于风貌情境选择与引导的"过程控制",在不确定的未来状态中确定"可选择的'规范性未来'",也必将进一步增加风貌管控的弹性。

另外,新城往往对开发周期、建设速度有特殊的需求,风貌规划编制的时机需要合理地把握。在新城的重点地块开发建设过程中,为保证风貌规划编制成果的有效落实,明确土地开发商之后,土地出让之前就应该进行针对单元地块的风貌规划编制并将成果纳入土地出让条件之中,此时也是对新城整体风貌进行控制的最佳时机。

5.4 新城风貌规划审批实施管理的优化(审批阶段)

风貌规划成果的成功传递并非只取决于风貌编制是否有效,其同样依赖于风貌规划的审批实施管理过程。新城开发建设活动中充斥着多种外部不确定因素,现行体系下,要推动新城风貌作为公共政策的有效实施,风貌规划的决策者与主导者应着力构建完善的风貌规划审批实施保障制度和管控机制,并强调制度环境和政策环境方面的协同保障,从而确保风貌规划系统的有效运行。

5.4.1 转向公共政策的新城风貌审批管理

《城乡规划法》(2019修正版)第十一条明确了我国城乡规划行政主管部门及城市政府在城乡规划工作中的行政权限。其中,"国务院城乡规划主管部门负责全国的城乡规划管理工作。县级以上地方人民政府城乡规划主管部门负责本行政区域内的城乡规划管理工作"。

我国现阶段的风貌管理过程中,规划师、建筑师是城市风貌规划的主要实践者,城市风貌规划主要依附于"总规-详规"的规划管理体系,多数城市开发建设中并没有专设的风貌规划业务部门和管理部门。

5.4.1.1 新公共服务理论下的公共管理

新公共服务理论下,公共管理的重要作用并不直接体现在管理者对社会的实际控制或驾驭程度,而在于承担为公民服务的职责,并帮助公民表达和实现他们的共同利益。

在政府公共管理权力由单一的行政手段向市场、社会、法律与行政结合的转移过程中，政府职能定位也随即发生根本性转变：政府由城市建设开发的直接管理者向监管者和规则制定者转变，全能政府正在演化为有限政府。新公共服务理论下的政府职能转变主要表现为公共管理社会化、公共服务市场化和公共政策化。

5.4.1.2 公共服务职能下风貌规划决策的谋与断

1. 全能政府向有限政府的转变

城市风貌规划管理是政府对辖区内的各项开发建设进行风貌控制、协调、引导、决策和监督的完整行政管理过程。改革开放以来，市场经济体制的框架已经初步建立，以公有制为基础、多种所有制共存的市场经济制度逐渐取代了以公有制为代表的计划经济制度。"一书两证"的规划许可制度也逐渐代替了传统"规划方案"成为城市规划权力的主要来源。但与之相比，计划经济体制背景下以"城市建设"学科为基础建立起来的城市规划管理主体、客体、管理过程、体制等却并没有发生对应的变化。不变的规划管理制度面对的是日益复杂的城市风貌问题。

计划经济体制下，代表地方政府的规划主管部门是规划管理的主体，规划区范围内的各项开发建设活动和土地使用审批是规划管理的客体，政府同时对规划管理、土地使用和建设活动进行管理。风貌规划由行政部门负责制定后交由管理部门实施审批控制，政府既是"运动员"，又是"裁判员"，集"谋"与"断"于一身，化身"全能政府"，既决定风貌规划该不该干，又决定该如何干，风貌规划管理工作成为一种自上而下的行政指令性工作。

随着计划经济向市场经济转轨，风貌规划管理的主体、客体及相对人均发生了相应变化：规划管理的主体仍是政府下属的主管部门，客体仍是城市土地的使用和城市中的各项开发建设活动，管理的相对人却成为代表不同利益集团的多元主体。此时政府成为代表多元利益的政府，政府的职能也转向在不同利益主体产生矛盾和冲突时的管理和服务协调功能，"全能型政府"转化为"有限政府"即"服务型政府"。

2. 风貌规划决策的谋断分离

从城市规划管理的角度来看，风貌规划是为城市开发建设提供咨询并为城市指明未来可能发展方向的研究管理工作。另外，风貌规划提供的不只是强调"规划刚性"指导下"一张蓝图管到底"的城市"设计图"，还是政府面对城市发展决策时所需要的参考依据。对风貌规划"法定"地位的盲目追求，或者将风貌规划成果作为新城开发建设的刚性准则，都只会削减风貌规划的实际效力，并最终助长"风貌规划无用论"的蔓延。风貌规划决策过程中，既要合理区分"谋"（规划方案）与"断"（规划决策）的不同功能，又要做到谋断过程的适度分离。

(1) 风貌规划决策过程的重要性

管理学理论将科学正确、合理及时的决策看作是管理成功的前提，并认为决策过程是管理过程中最重要的环节之一。在目前的城市规划管理体系下，风貌总体性规划-风貌详细性规划（含控制性和修建性详细规划）的层级基础上，逐级控制的风貌规划编制成果适应性较为一般，通常只能作为否定项目的判断依据而非确定项目的施行准则。风貌规划审批实施管理中建立理性、完善的决策机制来代替"刚性指标"指导下的风貌规划实施控制成为城市规划管理工作的重要课题。

对计划体制背景下的，以风貌要素控制为代表的传统风貌规划决策过程（审批实施管理过程）进行变革，首先，应该合理区分的就是风貌规划的保障制度、审批实施程序等原则性内容和较为具体的风貌规划内容（风貌规划成果或方案）。具体来讲，风貌规划方案的构思和表达可交由规划编制部门自行充分发挥，决策部门（人员）仅负责对风貌规划的原则性内容进行决策；其次，风貌规划决策过程中，将"谋"（风貌规划方案）与"断"（风貌规划决策）相分离，可以帮助规划从业人员和决策层更好地把握各自的工作重点，也更利于对城市风貌规划进行针对性的指导。

（2）风貌规划决策过程中的谋断分离

将风貌规划管理过程视作决策控制的过程，科学的规划决策体制是风貌规划管理创新的重要内容。以系统论的方法为指导，科学合理的决策控制系统包括决策系统、信息系统、咨询系统和监督系统四大部分。

其中，咨询系统（风貌编制单位）负责提供一种或多种风貌规划可行性方案；信息系统负责提供不同利益主体的诉求、城市文化、经济等不同信息汇总；决策系统在综合考虑咨询系统与信息系统意见的前提下，从多种方案中选择最适合方案（风貌规划方案的审定与选择）；监督系统负责对风貌规划的执行情况进行监督，并向决策系统提供反馈信息，方便决策系统对决策进行后续跟踪，并根据需要及时调整、更新决策。

谋断分离的新城风貌科学决策过程如图 5-4 所示。

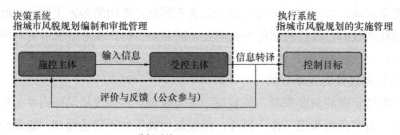

图 5-4　科学合理的新城风貌规划决策过程

图片来源：作者绘制。

风貌规划决策的过程中，决策系统（断）与咨询系统（谋）的关系十分微妙：决策系统是城市风貌规划管理的核心，负责指导但又不宜干涉咨询系统的独立工作。为了避免有损和谐城市风貌的管理决策失误，决策系统在保证咨询系统独立性同时，应允许以权威专家为代表的第三方在最终形成风貌规划决策前提出不同意见；咨询系统在决策系统的委托、指导下从事城市风貌研究工作，并帮助决策系统做出合理决策，但无法替代决策系统的工作，即咨询系统只有建议权没有决定权。咨询系统主"谋"，是风貌规划决策的前提，可以是长期的过程；决策系统主"断"是风貌规划决策的结果，是短期内需要完成的。

风貌规划决策的过程把"谋"和"断"相对分开，咨询系统中的智囊团（风貌委员会、权威专家组等）负责"多谋"；决策系统中的管理者（地方政府规划主管部门）负责"善断"，计划经济体制下集"谋"和"断"于一身的情况就此改变。从某种程度来说，风貌规划决策过程中的"谋断分离"正是城市风貌规划管理过程日益复杂化和管理参与主体愈发多元化的综合结果，是风貌规划管理过程中减少差错、避免决策失误的重要保障措施。

在此基础上，有学者建议我国应形成"制度—决策—执行—监督"权责明确的城市风貌规划行政管理体系。具体到城市规划管理职能方面，"政府"应坚守其公共管理的职责和服务职能，维护各方利益的均衡；"专家"发挥公正履行规划"桥梁"的作用；"开发商"是制度化管理的对象与服务对象；"公众"是管理的最终目标指向。

5.4.1.3 风貌规划向公共政策的转变

同济大学唐子来认为："城市设计既是一门专业，又是公共政策。"作为公共政策的风貌规划其本质是民主协商的成果，而不是技术推演的产物，其核心在于价值观的多元认同和决策过程的民主化。风貌规划向公共政策的转变，可以大大提升风貌规划内容的约束力，通过协调不同的利益主体，使风貌规划理念能够真正地贯穿始终。

市场经济下，市场主体的多元化特征削弱了政府对城市建设原有的控制力，城市发展由自上到下的传统垂直关系转变为多利益主体间的平行竞争关系。城市风貌规划也从早期的以物质空间环境规划为重心的"工程设计"，转变为以社会经济问题、公共政策为重心的"政策导向"模式从"过程控制"的"社会经济"模式，一步步向"制度化的公共政策"方向发展。多元的新城建设主体背后代表的是难以具体量化的多元主体利益目标以及更为复杂的多元利益协调博弈。此背景下，通过代表社会公共长远利益的公共政策（多元主体的集体决策）推动新城建设本身就是风貌规划决策制度和管理模式的一大创新。

5.4.2 新城风貌规划审批管理的再认识

新城风貌规划审批管理的规范性始于规划行为。作为价值取向与审批管理行为的结合，新城风貌规划审批管理的法定效力分为两种层次：一种是对风貌规划价值的规范性确认，即在风貌规划实施开始之前的管理阶段中，对新城风貌规划的主体和程序本身（风貌规划编制过程、风貌规划审批管理）的合法性确认，此种层次应属于高层次的法定效力，如行政法规或地方性法规的规范性；第二种层次是风貌规划价值内容的规范性确认，即新城风貌规划审批管理具体内容的合法性确认（同时是对风貌规划审批过程中所形成文化价值具体内容的确认），此种层次可以也应该属于技术规范等较低等级的规范对象。

5.4.2.1 风貌规划审批管理依据的法定化

风貌规划审批管理依据是对城市土地开发建设过程中的"风貌价值"审批规则的确定。风貌价值一方面表现为城市空间环境审美（文化审美）品质（或者说是城市公共空间审美标准的协调与引导）；另一方面则源于不同利益主体间共同利益需求的调和与冲突。

无论是空间审美特征的共同追求，还是共同利益的反映，风貌规划审批管理都应突破传统自然科学思维指导的、城市规划技术经验基础上过于理性的技术标准制定模式，转而更接近对风貌规划保障制度、管理程序、服务流程等新型技术标准的建构。这不仅是突破以往城市规划管理体系中科学严谨"技术理性"的一种"公共理性"，更是新城风貌各利益相关方合意的结果。

另外，风貌规划审批管理依据的制定，既是手段性问题，更是"共创美好新城"目标追求下的"公众审美价值"引导过程。因此，时至今日的风貌规划审批管理，一方面要补充建立新城风貌规划"共同价值规范"形成的机制；另一方面则要设法将这种机制程序化、法定化，改变"工具理性"的风貌规划单向度静态发展模式。

5.4.2.2 加强风貌规划审批管理的法定效力

在我国现实国情下，新城风貌规划的审批管理阶段最需要克服的便是多元利益主体对其产生的复杂干扰。现实中缺乏明确法律地位的新城风貌规划无法作为以规划许可为代表的行政审批程序的直接依据，只有依附于具有强制效力的控详规，或者各层次的城市规划条件中，才可能在新城规划行政审批程序中得以落实，这也可以看作是风貌规划与城市规划管理的有效结合点。

因此，新城风貌规划应紧紧围绕规划管理的关键环节和核心问题加以研究，将不同编制层次（阶段）的城市风貌核心研究成果融入法定规划管理依据中，直接或间接地为各级风貌规划编制与日常管理工作提供重要的技术参考与依据，从而保证新城风貌规划在法治规划管理体系中得以确切落实。目前国内也已有一些城市结合地区特点进行了此方面的灵活探索，通过综合发挥公共政策、制度保障及市场配置的作用，加强风貌规划审批管理的法定效力，并使之与现有的城市规划管理体系顺利衔接。

5.4.2.3 风貌规划审批管理的管理内容

1. 风貌规划中的行政管理职能转型

城市风貌规划管理职能是城市规划管理主体（规划管理部门）依法在规划管理过程中，对风貌规划管理所应履行的职责及其所应起的作用。此方面职能的行使是公共权力的执行，其依据是宪法和法律赋予城市规划管理部门的公共管理权。

城市风貌规划中的行政管理职能可依托我国现行城市规划管理体系实现。以上海市为例，上海市规划和自然资源局（原规划和国土资源管理局）中的"风貌管理处"是上海城市风貌规划管理主要职能部门；连云港市的风貌规划管理工作是由自然资源和规划局下属的"详细规划处"具体负责；北京市的城市特色景观风貌塑造和公共空间环境品质提升等城市设计工作则是由规划和自然资源委员会下设的"城市设计处"来负责。

2. 风貌规划中的审批管理内容

作为风貌规划控制系统的重要环节，风貌规划中的审批管理一方面是对建设项目的设计方案风貌规划要求符合程度的检查，另一方面也可以看作是规划管理部门与开发主体、设计单位等多元利益主体之间复杂的利益协商与博弈过程。风貌规划审批管理的主要内容是风貌规划要求中色彩、材料、设计元素等难以用明确数字指标描绘、量化的设计内容，或者是涉及主观审美、需要主观判断并且具有管理弹性的部分规划条件。针对这部分内容，审批管理过程中，审查者可适当行使自由裁量权，以引导建设项目设计方案向更符合风貌规划方案的方向调整。值得注意的是，这部分难以量化的设计内容或者指导性规划条件，对审批者的专业背景、审美素养、管理经验等都有一定要求。

结合目前城市规划体系中的"一书两证"规划许可管理程序，新城风貌规划控制体系中的审批管理可以分为建设用地规划管理和建设工程规划管理两大阶段进行。分阶段进行的审批管理，一方面，有效避免了固定审查时限内规划部门审查任务过多且烦琐的压力，避免了审查延误导致的建设效率低下；另一方面，风貌规划控制本身也具有分层性的要求。

引入城市风貌规划的控制要求后，风貌规划审批管理过程可与以上两个阶段的城市规划设计审查相结合。建设用地规划管理阶段的具体审查内容除了用地属性、容积率等一般性指标外，还可以增加项目与周边环境协调性关系、与城市关系等风貌导控的相关内容；有余地的情况下，还可包括建筑主体形态控制、项目公共景观控制、公共空间规划等更为细节性的内容。此阶段审查要点是设计方案与总体城市风貌规划中框架性内容的"符合程度"，原则上只要设计方案符合总体风貌规划要求，即可通过。

建设工程规划管理阶段是风貌审批管理中的"细节性设计审查"阶段，审查内容主要针对公共空间规划设计、建筑细部体量、公共空间界面、景观环境等细节内容；此阶段建设工程规划管理阶段的设计方案与城市风貌规划要求均相一致后，才能获得相应的规划许可。

结合"一书两证"管理中的风貌规划审批管理路径概括，如图 5-5 所示。

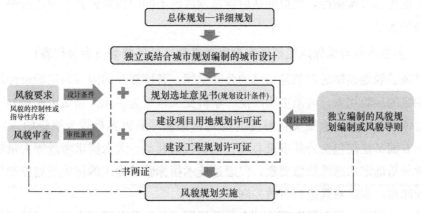

图 5-5　结合"一书两证"的风貌规划审批管理路径

图片来源：作者绘制。

5.4.3 新城风貌规划审批管理的保障机制搭建

随着市场化改革的不断推进，多元主体共同经营新城开发取代了政府全额出资并推进新城建设的局面。多元化的城市建设主体必然存在利益冲突。新城风貌规划管理过程中，除了要有好的风貌规划技术方案储备，还必须具备有效的风貌规划审批实施管理机制（制度），才能够及时、妥善地处理好各利益主体的矛盾，以及空间资源分配和调整中的效率与公平的关系。

5.4.3.1 法定地位保证风貌规划审批管理合法性

许多国家和地区的城市规划（城市设计）实践，都将城市设计的技术和内容纳入法定规划，实施方法也较为多样。在英国，城市设计导则是规划体系的重要组成部分，城市设计控制体系包括国家层面的规划政策指引、郡层面的设计导则与策略、城市层面的设计标准和导则等，规划项目许可各阶段也会选择性地加入城市设计的控制条件，并有包含设计要素控制的规划许可制度保证风貌的协调性，例如英国《斯特拉特福地区设计导则》（Stratford-on-Avon District Design Guide）为建筑许可证（包括登录建筑许可、保护区许可、广告许可）的申请提供设计引导，具体建设项目可以从宏观区域层面一直到建筑材料与细部层面逐步寻找控制依据和设计指引；日本依据《城市规划法》《建筑基准法》的"地区规划制度"与依据《景观法》的"都市景观计画"和"景观协定"，同样也包含了城市设计的概念和内容。

从上述国家经验来看，同样非法定地位的风貌规划（或有些城市的城市设计），在实践中却是法定规划编制和对开发建设活动进行管理的重要依据。从已有经验来看，建立风貌规划审批管理纳入法定规划管理体系的机制、不断完善相应的法规和管理办法，形成具有操作性和公开性的程序和制度保障；同时将总体风貌规划、城市风貌导则等内容纳入法定规划体系和实践行动中，优化新城发展规划的同时丰富详细规划对建筑形态与风貌控制的指标要求，比单纯地增加风貌规划设计层次或扩充风貌规划类型的思路更为有效、也更具可实施性，也更能适应新城发展的不同阶段对公共空间质量提升与公众审美协调的要求。

5.4.3.2 多主体参与确保风貌规划审批管理质量（以风貌委员会为代表）

新城风貌规划控制的对象是新城的公共空间，其所涉及的内容相比城市传统地区及历史风貌区的风貌规划，内涵更为广泛、学科交叉也更为多元。新城风貌规划一方面涉及城市整体形象协调、地域文化解读等定义和管理对象边界都较为模糊的理性具体内容；另一方面又往往包含公共审美心理、社会长远利益、大众需求考量等大量较难依靠精准科学分析确定的感性抽象要素，仅通过技术指标管控为主的传统规划控制手段或规范性设计原则，很难对其进行有效控制。

此外，风貌规划管理是典型的社会公共议题。作为公共管理内容的风貌规划审批管理往往涉及公众、开发商、设计师和规划管理者不同的主观评价及利益考量，规划管理部门单方面的审查意见显然难以全面、公平地解决多元群体的利益博弈难题;而受限于广大市民公众利益与知识背景的局限性,盲目的、全阶段的公众参与无疑又会降低风貌审批的效率。这种情况下,权威专家、社会团体等专业背景决策代表建议的加入,可以在兼顾权威建议与维护多元主体利益的更高层次,加强风貌规划管理的有效性。

中共中央、国务院2016年2月下发的《关于进一步加强城市规划建设管理工作的若干意见》中明确指出:"要全面推行城市规划委员会制度,通过完善社会参与机制,充分发挥专家和公众的力量,加强规划实施的社会监督"。当前,以深圳、厦门、广东、福建、湖北、江西、雄安新区为代表的诸多省份、城市或地区也都已经或正在谋求建立完整的城市规划委员会制度。以上述部分城市在城乡规划管理体制上改革的探索和实践为经验,设立风貌委员会或城市规划委员会下的专业委员会(如汕头、厦门、深圳的建筑与环境艺术委员会),都是确保风貌规划审批管理质量的有效途径。

法规保障下"半官方"地位的风貌委员会制度将规划管理者、规划专家等权威人士对新城文化、城市历史以及社会经济等多方面的深度认知融入风貌规划决策过程,同时保证了风貌规划管理的动态化和全过程,并合理预留了多元利益主体间复杂博弈调停的弹性,最终高效地引导并形成政府、社会、开发主体对新城风貌的共同认知。以广州、深圳两地城市规划委员会的实践为例,城市风貌委员会制度的进一步完善尤应注意以下方面的内容:

(1) 明确风貌委员会(或规划委员会下设置的城市风貌专业委员会)同时作为刚性风貌管控监督机构、弹性风貌管控决策机构以及风貌争议(冲突)裁决机构的法定地位。风貌委员会作为风貌规划实施、调整和监督的依托机构,通过施行建设项目审议(审查)风貌规划成果的职能,在风貌规划编制阶段便开始对各层次的风貌规划成果进行引导、把控。

(2) 明确风貌委员会对于重点地区建设项目的规划设计方案审查职能。在核发建设用地规划许可及建设项目工程许可证的阶段,就同时对设计方案应该满足的风貌控制要求进行审查、把控,此阶段的审查意见可以作为许可核发的正式依据。

(3) 风貌委员会还应以明确的规章或程序制度确保公务人员、专家学者和社会代表等不同身份的委员数量、比例及其话语权。以深圳为例,城市规划委员会共有29名委员组成,其中官方成员14名;广州则明确规定,城市规划委员会成员总数为不少于21人的单数,专家和公众代表人数应超过总数的1/2。同时,风貌规划管理涉及多学科的理论与技术,风貌委员会在委员选择上也应尽量丰富不同领域专家学者的构成,如规划、建筑、交通、艺术、景观、社会、经济、历史、文化、法律等。风貌委员会的人员数量、组成比例、职能范围、议事流程、执行机构等具体内容结合风貌审查制度在本章5.4.4节优化路径中风貌审查制度进行详细阐述。

4. 最后,在条件允许的情况下,可在地方性法规和规章的框架之下,明确风貌委员会作为行政管理体系内具有一定独立性的决策机构以及新城开发建设过程中多元主体利益博弈的争议协调与裁决机构的合法地位。为了确保风貌审查(审议)的公正性,在风貌规划编制、审批实施的不同阶段，设置多渠道、多层次的意见申诉机制亦应当成为城市风貌规划控制过程的法定环节，从而切实保护各方的正当权益免受侵害。

考虑到新城风貌的柔性特征，以"民主集中原则"以及"代议制"为法理基础，在参考日本、美国、法国等国风貌规划实践经验的基础上，本书提出通过设立规划管理职能部门领导主持下的风貌委员会制度与风貌审查制度的方式，引入权威专家、社会公众代表等不同主体的多元治理体系，来提升不同阶段新城风貌规划的实际效力。其根本目的在于改变传统规划管理体系下，政府单方面主导规划编制、审批、实施的做法。风貌委员会集体决策的方式取代了过去行政首长个人决策的方法，同时使得专家和社会公众代表可以参与到规划制定和管理的过程，规避技术决策的政治风险，这实质上也是合作治理理念的体现。此外，有针对性地丰富公众参与风貌规划制定和管理的形式也有助于城市风貌规划成果的落实。考虑到公众城市风貌知识背景的缺失，有必要对进入规划委员会的社会成员进行甄选。风貌审查制度具体流程以及可行的公众参与方式将在风貌审查制度的章节中详细阐述。

5.4.4 新城风貌规划审批管理的优化路径探索

5.4.4.1 法制性优化：风貌规划审批管理的法治化尝试

法是多元利益主体为保护自身利益而达成的共同契约，也是城市风貌规划管理系统正常运行的基础条件。基于"一书两证"模式的规划许可制度，则是现阶段我国多数城市风貌规划审批管理法治化的基础。具体来说，以《城乡规划法》为主干法体系的现实条件下，风貌规划审批管理的法制性优化可从以下三个方面达成：

1. 风貌规划审批程序及权限的法治化

在具体的管理过程中，为了有效地将合法性与合理性结合，在风貌规划审批管理中，首先要制定法规，明确审批管理人员的权限范围和管理程序。其次，为了将审批管理人员的自由裁量权限定在合理范围内，风貌规划的审批依据也应明确规定。

风貌规划审批管理中，对于开发项目合法性的判定，实际审批过程只需要规划管理人员对建设单位做出许可、有条件的许可、不许可三种答复，此阶段审批工作对管理人员的专业背景、人员数量没有过高的要求。以新城建设开发为例，如需同时审批大量建设项目，可以在行政依据科学合理、行政程序公开规范的前提下，适当下放审批权限给规划管理部门的派出机构，减轻市级规划审批部门工作压力的同时，提高新城风貌规划的审批效率。

2. 风貌规划审批管理模式的法定化

我国目前的城市风貌审批通常采用判例式的审批模式。考虑到通则式和判例式的风貌规划控制各有其利弊，更为理想的审批模式应该是寻求两者之间的最佳结合方式，充分发挥各自的优势，提高审批管理效率。

新城中一般地区的风貌规划审批，开放透明的通则式管理已经可以满足要求；新城建设发展的重点地区则需要基于判例式管理，为其定制灵活特殊更具针对性的开发控制要求。通则式管理与判例式管理结合的方式，既可为规划管理部门进行风貌设计评审提供客观依据，也可极大提高密集建设周期内的新城风貌规划审批效率。

新城开发建设过程中充满了复杂动态性和不确定性，不同利益群体的诉求也会产生不定期的随机性变化。开发项目通过风貌规划审批后，如遇到可能导致项目或周边整体风貌遭受影响的设计方案和规划指标变更，业主首先需要提交可行性研究报告，并提出合法且合理的解释，然后在由规划部门组织专家（或风貌委员会）进行论证，向社会公布并征求周边居民意见，均无异议的情况下才可批准实施。

前序研究可见，新城风貌规划审批管理的实施是借由城市规划管理平台，通过空间规划技术逐层落实的。从这个角度来看，新城风貌规划审批管理过程中的法规体系也应该是一个"法—行政法规—部门规章—地方性条例—地方性规章"所构成的系统性框架结构，这样的风貌规划法规体系也是风貌规划审批管理法治化路径形成的必经过程。

5.4.4.2　规范性优化：风貌委员会与风貌审查制度

新城开发过程中出现的大量新建建筑既服务于大众的物质生活，又同时具有引导大众精神追求、提升公众审美素养的作用；大量建筑集合所造就的城市公共环境也成为形成城市风貌、体现城市性格、彰显并提升城市形象的主要载体。建筑的物质、精神（文化）双重属性决定了它的投资者、设计者、使用者都应当有义务保证建筑有利于社会公共意识、大众审美的进步与提高，而不能简单地以主观好恶、个人权力来决定建筑的生成、城市的品位。此外，新城风貌规划面对的是多元利益主体各异的价值诉求以及共同、唯一的公共文化空间。政府主导的规划管理模式下，风貌规划的参与主体较为单一、传统的"单元地块碎片化""一刀切"的刚性规划管理模式因缺乏弹性制衡机制而无法继续适用。

1. 现行风貌规划实施管理中审批制度的问题所在

当前我国城市风貌规划实施管理过程中，方案审批基本是规划许可审核与专家审议结合的模式，即所有建设项目的规划设计方案在通过规划管理部门的审查以及专家评审会的评议之后，才能拿到建设用地规划许可和建设工程规划许可。风貌规划管理的特殊性及复杂性决定了现行的规划方案审批模式具有不可避免的局限性：

（1）审批内容的局限

现行城市风貌规划审批要点基本上依然是控制性详细规划中强制性指标的控制内容，如建筑高度、建筑材质、建筑面宽、使用性质等。二维平面尺度的硬性指标无法满足三维的城市风貌管理的需求。

与之相对，新城风貌规划审批中无法以具体指标衡量的，或较难以刚性标准描绘的，具有很大主观性和灵活程度的建筑色彩、立面材料、公共景观、设计元素等涉及美学价值的柔性管理内容，在传统规划许可审核和专家审议程序下，其评判尺度标准往往因为缺乏可量化的依据而过多依赖个人的主观判断。评审委员的审美差异、专业背景、对场地及项目的了解深度，都会对方案审批的内容及质量产生影响。

（2）审批效率的局限

我国目前的城市风貌审批中，通常采用判例式的审批模式。此种模式所具有的行政效力，最大限度地将土地使用行为归属于政府行政管理框架中，进而保证城市建设行为符合规划要求。然而现实中，新城风貌的柔性特征及建筑创作中的审美差异，决定了风貌规划的科学性较弱，审批管理人员自由裁量权差异，也使得审批工作往往未能真正实现建设行为符合规划要求的目标。

此外，在当前城市化加速发展时期和机构精简裁员之际，对新城范围内的建设项目进行全部的判例式审批，无疑将大大增加规划管理人员的工作量。特别是有限的规划设计审批人员要昼夜不停地面对雨后春笋般涌现的各类开发建设项目，工作量颇大，而由于受限于审批时间，工作质量如何也就可想而知。

（3）审批管理人员权限尺度

高密度的新城开发建设过程中，建筑（群）设计往往具有艺术创作性质，针对其风貌的审查管理也常带有很强的个人喜好色彩，过分依赖某位行政长官或者设计师的个体判断，就有可能出现个人喜好过分影响整个城市风貌的情况。目前我国的城市规划管理体系并未对规划审批的尺度、权限、程序做出相关规定，规划审批过程中，管理人员自由裁量尺度不合理导致的审批不当情况也不可避免地会出现。首先，由于主观客观原因，风貌规划审批管理过程中的审批依据不能或不能完全地向行政相对人及公众披露；其次，控制性详细规划中各项控制指标的制定基本上来自编制者的个人经验，对其的审批本身往往也没有足够科学的理由，自然只能作为风貌规划审批时的参考依据。

风貌规划中控制指标的不确定性为管理人员自由裁量权提供了空间。在不同利益群体的相互博弈下，自由裁量权虽能提高审批效率，但对其不当或者滥用易导致公众或政府利益受损、个别利益团体受益，甚至滋生腐败风险。

（4）专家评审制度的效力局限

承担风貌规划审批中辅助职能的专家评审会，目前仍属于非法定地位。新城公共项目建设中常常出现首长意志成为最后裁决，个人喜好压倒专业评判的现象。作为非常任机构的专家评审会，评审成员构成、审议程序、审查结果等均没有制度保障，项目开发建设过程中妥协于商业资本的强势话语十分常见。此外，评审会参与专家的不固定性和流动性也无法保证建设方案后续修改成果的质量，通常情况下，建设方案获得原则性通过后，专家基本上便不会继续参与修改的内容后续的审议工作。清晰有效的管理制度与公开透明的论证程序同时缺乏，使得专家评审（评议）会变成了尴尬的"走过场"或者流程性的"一次性评审"，再有效的风貌规划成果也难于落在实处。上海虹桥商务区核心区风貌控制实践中也出现了类似的情况。

2. 建立完善风貌审查制度

为保障城市规划（城市设计）能切实反映公共利益的诉求，欧美许多国家都采用了规范且严格的城市设计审查制度来保障相关规划得到有效实施。

(1) 规划审查中的国际经验

英国实行分级审批制度，通过设计委员会（Design Council，2011年前为Commission for Architecture and the Built Environment）协助政府或业主分类审查商业建筑、办公楼、住宅、交通设施、广场等重大项目，并制定相应的设计规范。项目所在行政区负责建筑设计方案审批，行政区批准并受理该项目申请后，经过对案例官员（Case Officer）、建筑师顾问的意见咨询，对不符合城市整体利益和空间发展总体要求的设计方案具有否决权。

美国的设计审查（Design Review）制度以设计导则为依据，由设计审议委员会具体负责设计审查，是美国开发控制制度中的新发展方向，也是政府控制城市设计或建筑设计中城市环境质量、美学形象等方面问题的重要工具。

日本则通过《景观法》强化了景观规划和景观建设的管理力度，建立了包括景观地区和准景观地区建设行为的申报程序。区域内景观构筑物的规划和建设要依据《景观法》向景观行政团体提出申请，经过景观审议会审查并得到授权后，才可以开始相关行为。

国外城市规划（城市设计）管理工作中规划审批的经验总结，为我国新城风貌规划审批实施的优化提供了很大的参考：即推行完整风貌审查制度的同时，增设专业的风貌审查机构（如规划管理职能部门主持下的风貌委员会）。风貌审查制度的建立一方面可以大大提高规划方案审批的效率，另一方面，作为对现行风貌规划审批模式的重新梳理和流程优化，其也将有助于实现新城风貌管理与城市规划管理体系的高度协同。

(2) 建立委员会负责的风貌审查（议）制度

审查是对特定事项、情况的核实、核查。目前我国新城风貌规划审批实施管理中缺少的恰恰是针对城市风貌中"空间文化价值"以及城市空间"公共审美标准"部分内容的审查。

对于城市风貌特色的认知缺失与管理缺位导致的"千城一面"已经成为我国很多城市的通病。在条件成熟的城市或城市重点建设地区尝试建立"风貌审查制度"，既可强化城市风貌规划过程管理，也可通过增设把关措施推动城市环境朝着更具个性特色、更宜居的方向发展。2020年4月住房和城乡建设部联合国家发展改革委发布的《关于进一步加强城市与建筑风貌管理的通知》中，明确指出要探索建立城市总建筑师制度，而从本质上来看，这里的总建筑师制度也正是体现群体决策即共识的"专家评审（审查）制度"。这样的审查制度一方面可以对新城风貌和空间形象的社会公共属性和审美品质把关，同时可以借助权威专家的专业话语权，充分协调、统合公众参与中相对分散的风貌建议诉求。新城风貌规划实施管理中，将对风貌文化意义和价值的审查作为一种独立的管理制度（条件成熟也可升级为行政许可制度）加以明确，而不是采取回避或完全的自由裁量处理，可更好地辅助规划管理者完成针对新城土地开发建设过程中空间形态文化价值的专项审查。

3. 风貌审查的内容及范围

(1) 风貌审查的内容

城市规划管理中，针对建设项目的开发控制往往有审查、审核和审批等不同方式。新城风貌规划是关于新城公共空间形态美学形象的管理行为，针对其的管理实践中应以审查为主要手段。

对于新城来说，风貌规划的审查管理依据是以"风貌导则"为核心的风貌规划编制成果；审查的内容主要是新城公共空间、街道环境及其他附属设施中的风貌要素形象、风貌审美感受。其中针对不同开发建设项目之间空间形态要素的协调性管理是新城风貌规划审查的重中之重。

(2) 风貌审查的范围

考虑到现阶段我国各大城市的发展水平明显不同，同一城市的不同区域中风貌规划的覆盖情况也不尽相同。实际管理过程中，首先需要结合各城市规划管理现状、规划管理部门的技术、具体制度等基础条件来综合决定城市风貌审查的范围和内容。

以上海虹桥商务区核心区的风貌规划控制为例，风貌审查阶段主要对不同单元地块建筑临街立面及色彩进行了引导控制，全要素的风貌管理根据具体的项目情况而进行开展。比如，作为重点风貌区域或示范性风貌建筑等，需着重加强其风貌情境判定、建筑群体组合是否协调等要素审查；而一般区域或普通建筑，仍以原则性审查为主。

4. 风貌审查制度建构

(1) 风貌审查程序建构

新城风貌规划审批实施管理过程中，除了技术协同（形成符合城市规划管理要求的风貌规划成果）之外，还需要关注如何在现有制度条件下，将新城风貌审查制度有机整合到城市规划方案审批程序中。参考国外经验的基础上，制度建构层面将风貌规划审查嵌入城市规划方案审批程序的关键在于：

1) 为了提高审批效率，可将完整的风貌审查程序划分为执行人员审核和风貌委员会审议两个阶段。其中，执行人员主要针对风貌规划导则的强制性要求部分进行审核，具体操作中可与现行的规划管理部门的科室审查相整合；风貌委员会则主要针对规划设计方案与风貌规划导则的符合程度进行审查。为提高审查效率，每个审查程序所需的工作周期均应有明确规定。

2) 为了防止权威专家在评审过程中投入过多精力审核规划方案是否违反规划设计要点中的强制性要求，申请进行风貌审查的规划设计方案，首先要通过执行人员的规划审核，方可进入第二阶段风貌委员会的审议程序。

3) 风貌委员会的审议过程采取无记名投票的方式进行表决，审议过程结束时，审议结果应避免"原则性通过"等较为模糊、中性的判定结果带来的争议。风貌委员会的审查结果应该明确为：通过、经修改后由主管领导审查决定是否通过/经修改后由风貌委员会二次审查决定是否通过、不通过等更为清晰、确定的审议结果。对于不同层次的风貌规划，审查结果的决策方式也可采用不同标准：对于宏观层次的风貌规划，宜采用全体一致通过的方式；对于中观层次或重点地区和建设项目的风貌规划，可采用三分之二多数通过的方式；微观层次的风貌规划，采用过半数通过的方式即可。

4）被风貌委员会驳回的规划设计方案，申请人可在收到审查决议后的一定期限内申请上诉，获准后进入申诉或复议程序。申请上诉程序的提起，需要有明确的理由并形成书面意见与规划设计方案一同提交。同一规划设计方案中的同一议题原则上只允许复议一次。结合已有的城市规划委员会制度，以风貌委员会为核心的风貌审查制度具体流程如图5-6所示。

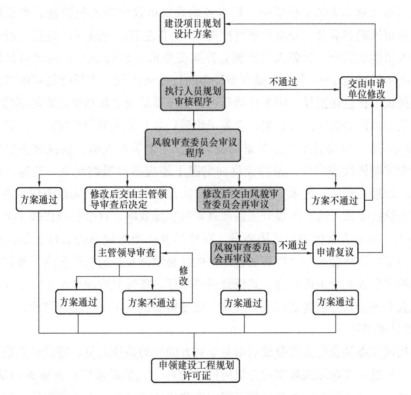

图5-6 风貌审查制度建议流程图
图片来源：作者绘制。

5）最后，风貌委员会的成员数量、组成人员、出席委员数量均应有明确规定。参照《中华人民共和国招标投标法》中评标委员会议事规则，出席风貌审查会议的委员不得少于全体委员总数的一定比例（一般地区或者普通项目的评审委员数量人数超过委员总数的半数以上即可；重点地区或代表性项目的评审委员数量则需达到委员总数的2/3以上），否则不得进行表决。

（2）风貌委员会人员组成

根据国际经验及已有的国内实践，风貌委员会的人员构成应同时包括公务人员和非公务人员。在借鉴日本各级地方以及参考我国广州、深圳、厦门等地城市规划委员会人员组成的实践经验基础上，风貌委员会人员组成建议如下：

1) 风貌委员会委员构成

风貌委员会的委员名单应同时包括公务人员和非公务人员（以深圳为例，深圳城市规划委员会成员共 29 人，其中官方人员 14 名，非官方人员 15 名；广州市则规定规划委员会中的专家和公众代表人数应超过总数的 1/2），并且对每一类性质的成员数量都有明确限制（如公务人员名额不超过 1/5）。为保证风貌规划管理过程中公众利益的充分传达，非公务人员可由权威专家、学者、社会公众代表共同组成。此外各地也可根据实际情况建立规模不一的风貌委员会。

以本书第 2 章 2.2.2.4 小节中，日本各地景观审议会的人员数量、组成比例为参考，我国城市风貌委员会的委员总数可控制在 15 名左右，并应同时包括政府公务人员和非公务人员两大部分。公务人员比例宜控制在委员总数的 20%，具体可包括主任委员 1 名，副主任委员 1~2 名。为提高委员会的行政话语权，主任委员可由市长或主管城市建设的副市长直接担任，副主任委员可由主任委员指定规划管理职能部门相关人员担任，并负责具体的会议人员召集、会务工作等；非公务人员中的权威专家代表比例宜控制在 40% 左右，可由具备专业背景的规划师、工艺美术大师、建筑师协会成员等国内外知名专家群体代表出任，条件允许的情况下还应尽量吸纳规划、交通、建筑、景观、工程、地理、环境、艺术、社会、经济、法律等和城市建设实践密切联系的行业专家学者作为储备委员人选；为提升风貌规划审批实施效率，社会公众代表比例也宜控制在 40% 左右，可由人大代表、政协委员、高校学者或当地较具代表性建筑设计企业负责人（或总工）及社会人士（项目所在地区的社会团体及甄选后的公众）等担任，风貌委员会中的非公务人员由市政府正式任命聘请兼任。条件允许的情况下，涉及重大民生项目的风貌审查会议还应邀请市人大代表、市政协委员、市民代表等列席。

2) 委员秘书处

考虑到风貌委员会的大部分成员都是非官方的外聘兼任人员，通过设立委员会秘书处的形式，可进一步保障风貌审查会议时间、内容、人员联系等日常事务的及时完成，同时也可进一步规避风貌审查会议的不固定性和成员流动性。本着组织精简的原则，风貌审查委员会的秘书处可以直接纳入规划管理部门的"风貌管理处"或者"风貌审查办公室"等下属机构，确保行政体系上下衔接的一体化。

3) 委员任期

为了防止风貌委员会的工作受到政府换届的负面影响，风貌委员会的任期可保持与政府任期一致，5 年任期结束后可以重新聘任，也可与政府换届同步。风貌委员会委员任期间因工作调动、健康或其他原因不能履行委员职责的，可经集体讨论后在专家库内选择相关人员递补担任。为了保持风貌委员会风貌审查工作的连贯性，风貌委员会一次递补或换届人数不宜超过委员总数的 1/2。

(3) 风貌审查执行机构确定

在我国现行的城市规划管理体系下，规划管理部门执行城市风貌的管理工作无疑是最直接有效的方法，相应的风貌审查程序的执行也应由城市规划管理部门承担。目前来看，在我国仅有为数不多的城市规划管理部门中设立了专门的风貌审查执行机构，见表5-2。

我国部分城市风貌审查执行机构对比　　　　　　　　　　表 5-2

代表城市	风貌规划主管部门	风貌审查执行机构名称	风貌审查内容
北京	北京市规划和自然资源委员会	城市设计处	承担本市城市特色景观风貌塑造和公共空间环境品质提升等城市设计工作，拟订相关政策。承担重点地区、重要项目城市设计的编制、审查和报批。指导推动拟纳入土地入市交易项目的城市设计方案编制或条件拟定
深圳	深圳市规划和自然资源局	城市和建筑设计处（市雕塑办公室）	负责建设用地规划许可管理和建设工程规划许可管理工作（城市更新项目除外）。负责历史风貌区和历史建筑保护规划管理工作
哈尔滨	哈尔滨市自然资源和规划局	详细规划管理处	组织编制、修改城市（镇）规划区内控详规划及其审查报批工作。研究制定公益性配套设施制度。承担重大建设项目选址和城市设计规划管理工作
		景观风貌和名城保护处	组织编制城市风貌、建筑风格和历史文化名城保护规划。承担历史文化街区和历史建筑保护范围内的建设项目规划管理。承担全市重要地块建设工程建筑立面方案审查工作
南京	南京市规划和自然资源局	城市设计与建筑管理处	制定城市设计标准和技术规范；组织开展全市城市设计的战略研究工作；承担城市设计编制的组织；承担城市雕塑研究和布局规划工作；指导城市亮化和环境综合整治规划设计有关工作；承担全市建设工程项目规划管理工作，制定建设工程规划管理的标准和规范，依据规划条件进行建设工程设计方案审查和指导，组织推动重点项目建设方案的策划、设计和审查
重庆	重庆市规划和自然资源局	建筑规划处	拟订建设用地规划管理和建筑规划管理政策、制度、标准规范。依法承担主城都市区重要区域和重点建筑项目选址意见书、建设用地规划许可、建设工程规划许可的规划管理工作。承担修建性详细规划、重点建筑空间形态规划设计管理工作。承担规划许可过程中的控制性详细规划一般技术性内容修改工作。承担重大建筑项目的方案征集工作

表格来源：作者绘制。

作为参考，风貌审查执行机构的设置可以城市具体情况为标准，参照"独立增设"或"重组兼任"两种模式进行。

1）独立增设

在维持现有规划管理部门结构不变的情况下，增设同级别的"风貌管理处"，负责与风貌委员会共同执行对新城中建设工程规划设计方案的风貌审查工作。

2）重组兼任

在不改变现有处室组织框架的情况下，根据不同项目风貌审查的具体需要抽调人员、兼任重组形成专门的"风貌审查办公室"，来共同推动风貌规划的审查工作。

5. 风貌审查制度建议

(1) 保证审查制度的公正性

新城开发建设中的大型公共建筑和重要地段的开发项目，必须采取风貌审查制度。规划管理部门进行风貌审查时，应当以"风貌导则"为核心的风貌规划编制成果作为主要依托，确保审查工作的准确、高效。

此外，作为规划设计要点的一部分，审查机构应在项目规划设计之初向开发建设单位和设计单位提供相关风貌要求，以方便设计单位在方案设计之初，便已经充分了解并考虑了城市风貌规划的相关意图，并确保风貌审查在有据可依的环境中公平、公正地进行。严格保证审查制度的同时也要设立委员会回避制度，以确保其审查工作不会带来直接或间接的利益相关。

在风貌评审决议表决的过程中，为保证审查程序的公正、公开，提高表决透明度，可以采用无记名投票的规则。条件成熟时，为了使专家意见和决策具有可追溯性，应当推行"集体决策、专家负责"的会审制度，公开评审过程并保留会议记录。

(2) 完善诉讼复议制度

风貌委员会之外亦应设立规划上诉委员会，建立风貌规划诉讼复议制度，对风貌委员会的工作进行监督。风貌审查决议形成之后，审查机构通过官方途径发布决议公告或进行公示。建设单位若对风貌委员会的审查决议有不同意见，可在收到审查决议后的一定期限内申请上诉，由规划上诉委员会负责审理针对风貌委员会所做出决策提出的上诉申请，获准后方可进入复议程序。申请上诉需要有明确的理由并形成书面意见与规划设计方案一同提交。同时，规划管理部门也应在上诉方提出申诉后的一定期限内予以回应。若申请人合法权益因规划管理部门的违法或不当行为受到侵害，申请人有权依法提出申诉或诉讼，并要求纠正前述审议决定或给予经济补偿。

(3) 风貌审查中的公众参与

城市风貌规划也是公众参与城市建设管理的过程，风貌审查程序中的公众参与可通过向公众展示项目开发计划、征求意见以及公众听证的方式开展。考虑到公众毕竟不是专业人士，因此有必要对进入审查委员会的社会成员进行甄选。以美国为例，其设计审查制度中社会成员的选择标准是"个人素质必须达到理解设计条例并熟知审议步骤的水平，以有效行使裁决权。"

5.4.4.3 协同性优化：风貌规划审批管理中的沟通交流机制

计划经济体制下，城市规划的管理主体是一元的，政府统一对城市发展做出整体考虑。市场经济体制下，市场主体的日益多元，促使城市规划管理服务的对象构成也变得多元。市场经济中各行为主体只有在与其利益相关时才会关心城市风貌规划，为避免风貌规划的审批与实施管理因此产生滞后，编制完成后的风貌审批管理过程应及时建立管理者与各行为主体间的沟通渠道和交流机制。风貌规划沟通交流机制的主要目的是建立设计机构与管理机构及审查机构间的交流渠道，通过对建设项目规划设计过程的前置干预、价值引导、规划参与，将"基于结果的设计审批"更新为"基于设计过程的沟通完善"。通过增进风貌规划审批管理过程中各方的沟通交流,确保自上而下的规划传导和自下而上实时反馈有效的结合。

1. 过程审查中的前置沟通机制

传统风貌规划审批,一般针对报送的规划设计方案"结果"进行。实际审批过程中,由于新城开发建设过程中存在太多的不确定因素,建筑设计方案往往因城市设计(或者控制性详细规划中风貌导则)的要求条件变更而反复修改,不但影响了新城的开发建设进度和效率,同时容易引发开发商和设计方的强烈抵触。新城风貌规划审批管理中,通过采用"前置参与、价值引导"的方法,审批管理人员可以将风貌要求提前转化为对设计条件的解释传递以及对设计过程的有效价值引导,并通过与设计单位的及时协调和沟通,提高风貌规划审查的效率。

2. 风貌规划审批部门与设计方的沟通交流

风貌规划审批管理的实际操作中,为尽快完成对建筑设计方案的审批管理,在相当长的一段周期内,建设单位需密集地往返于审批管理人员与设计人员之间。出于某种主观或客观的原因,相关修改意见和建议调整方向的传达会被遗漏甚至人为忽略,设计方案调整意见传递的有效性无法保障。此外,完全针对建筑设计方案进行的审批,会给设计人员造成大量如制图、效果表现等无谓的、非必要性的工作量。低效、反复的修改过程不仅削弱了设计人员的积极性,延误设计方案的调整进度,而且大大影响了规划审批效率和项目整体效率。

因此,增进审批部门与设计人员的交流沟通显得尤其重要。根据风貌规划中的风貌引导要求,将以"设计结果为导向"的方案审批模式转变为对"设计创作过程"合理引导的全新模式,设计人员与审批管理人员紧密交流的过程本身就变成设计内容不断完善的过程。双向交流后,设计方案构思一旦确定,设计机构可以快速完成设计方案的成果修改并再次提交审查。此过程中,审批管理人员对设计方案的熟悉程度得以加深,也可辅助其在较短的时间内组织完成设计审查工作,从而大大提高风貌规划审批质量和效率。

3. 风貌规划管理部门间的沟通协同

新城的开发建设涉及众多部门,各公共管理部门在政府主导框架下的协同一致是风貌规划管理顺利实施的保障,因此,跨部门的管理信息交流和资源共享与共通是建立管理部门之间沟通交流机制的必要条件。新城的开发建设,往往会涉及规划、建设、交通、财政、市政绿化等不同部门。如遇重大、公共项目,可由规划主管部门协调,尽早安排不同部门间的意见交流,形成指导性的调整建议,并及时传递给风貌规划管理的参与方。其次,各部门针对开发建设地块的政策要求、具体控制需求也应该及时地协同交流,并适时纳入土地出让条件之中。

新城建设的参与主体多元化和利益博弈复杂化的背景下,引入"风貌委员会"和风貌审查制度,以精细化的参与和制衡机制为基础,建构"自上而下"风貌传导与"自下而上"实时实地反馈相结合,双向互动、开放的动态风貌审批管理体系,可有效助力随机博弈的多元利益主体在没有景观法的条件下达成"风貌和谐"这一公共管理的政策目标。

5.5 新城风貌规划审批实施管理的优化（实施阶段）

5.5.1 基于心理学的新城风貌规划实施管理

5.5.1.1 共同行动中的认同与默契

1. 默契的哲学解释

默契一词，出自宋代苏舜钦《处州照水堂记》："二君默契，遂亡异趣，是政之所起，故自有乎后先"，原意是指不经言传而心意暗相投合。心理学范畴内的默契，是感应的一种形式，往往指不同的人内心中的共同约定。即，可以表达一个人的内心而不需要口头传达，也可以理解对方而不需要心灵的引导。

近代以来，"默契"一词几乎没有作为正式的学术概念，出现在任何一种科学理论中；与之相反，日常生活中，"默契"一词却在全球范围内得到了普遍的使用。这种剧烈的反差恰好说明默契才是人们的共同行动乃至人际关系中客观且普遍存在的一种社会现象。

2. 从共识到默契

随着后工业化时代的来临，社会经济大协作空前发展，抽象的语言、文字和逻辑被用来保护自己的利益诉求，理性主义应运而生并逐渐一统天下，"默契"逐渐退到了社会生活的后台。然而在经济、科技不断"进步"的背后，不同受众利益诉求的多样性和流变性，开始导致社会陷入无休止的争吵，貌似理性的文字契约却常常带来更多的争执和意想不到的动荡。

作为需要不断谋求各方共识的共同行动，其目的的达成有两种可能：一种是各方通过努力，不断地消除分歧直至达成意见一致；另一种可能则是基于各方默契的共同行动。与认同或者共识不同，默契的达成并不一定需要经历面对面的交谈和对话过程，它可以是在不同主体对"共同行动目标的自觉认知"中生成的，即通过对共同行动目标的一致理解形成默契。可以说，默契是共同行动中超越认同与共识的最高境界，达成默契的共同行动，其质量和水平都会得到极大的提高。

5.5.1.2 风貌规划控制中的文化默契

新城建设过程中"千城一面"、特色趋同的现象表明，现代社会中的人们对于城市风貌，似乎并不缺乏普遍性的"共识"。新城建设发展中真正缺乏的，实际上正是对于城市空间文化的"默契认知"。

"不识庐山真面目，只因身在此山中"。新城风貌问题的症结不在于科学主义或者理性思维主义本身，而在于非理性的新城公共文化价值创造和默契塑造新城风貌的"共同行动"，被科学的理性主义普遍地忽视了。新城的风貌塑造，"默契"之所以不可或缺，"顿悟"之所以历来受到文化大师们的重视，是因为非理性思维作为文化领域的特有智慧，在人们之间一旦消失，就好比演员之间失去了剧本、电影失去了导演一样，影星们的"共同行动"只会是一场散乱多元的"业余晚会"。现代城市的开发控制普遍地忽视空间文化的这种特性，沿用还原论的思维惯性去扼杀精神文化价值却毫无知觉，总是离不开永无休止的"共识"口水仗，总是忽视"默契"的关键性作用。

城市开发建设中"公"与"私"的协作完全可以通过常规、理性的契约正式缔结。但要将这种营造良好城市风貌的"共识"上升为社会空间文化（风貌）的"共同行动"，仍需内在动力的支持。其难点在于克服理性主义的副作用，即如何真正地保持"以心为归"，堪当此重任的，恰恰是被现代理性主义所遗忘的"默契"。

5.5.1.3　基于文化默契的启示性控制技术方法

从唯物主义的角度出发，新城风貌不仅具有认知体验的主观性，同时也具有社会客观属性，有效地把握其塑造规律可以极大地造福社会并有效提升城市竞争力。从现实情况来看，社会学视角下的风貌客观属性尚可以通过法治程序、规划管理机制、技术指标等反映到城市规划控制系统当中，新城风貌所涉空间文化范畴的客观属性却往往仅停留于规划专家的内部共识而非社会化的文化默契。新城风貌的选择权多掌握在开发主体为代表的私人利益群体手中，新城风貌无法作为公共福利并服务于现代城市治理。此外，现代城市治理在社会学领域内，更多地体现为"质性"治理，如业态主导性质或地块功能等。但面对建筑色彩、材料、公共空间品质、灯光艺术、建筑肌理等空间文化的"术性"特征，一味沿用"质性""规范性"等社会学范畴的控制手段来塑造、控制新城风貌，结果必然失败。

为了实现合目的、合规律的统一，上海虹桥商务区核心区风貌控制研究中，在"量性""质性"控制的基础上，增加了"术性"控制，促使城市风貌从散乱的私人文化，向公共文化的整体利益回归，散乱多元（千城一面）向有机多元转变。"术性"控制（如色彩材料质感、细部和肌理的品位与技术风格等），实质上是城市价值的发展从科学、社会学向文化艺术学的延伸，是城市规划管理从"业态管理""形态管理""生态管理"向"神态管理"（"品质管理"）的拓展。

风貌趋同是新城发展中的普遍性问题，要逆转这种文化衰退趋势，需要改变基于自然科学和理性主义管理的习惯思维，发展基于文化默契的启示性控制方法并不断探索更关注"空间品质管理"的规划理论、方法和思维模式，通过努力探索实现新城风貌与现代公共管理的统一。

5.5.2　新城风貌规划实施管理的理论与实践拓展

5.5.2.1　基于弹性策略的风貌规划实施管理

1. 风貌规划实施中的弹性管理制度现状

风貌规划管理乃至城市设计中的弹性控制策略往往需要经过漫长的实践才能逐步完善，并不是一蹴而就的。我国城市开发建设过程中的弹性控制体系更是仍处于初步探索阶段，并未最终形成。

目前，我国一些城市的规划管理中正在尝试的弹性控制方法主要包括容积率奖励法、土地混合利用、城市发展单元。如《江苏省城市规划管理技术规定》、《上海市城市规划管理技术规定》中，均提出"根据所能提供的开放空间可以适当增加建筑面积的奖励措施"；以《上海市城市规划管理技术规定》为例，其在建筑容量控制指标章节中明确提出了开放空间奖励制度。

2. 风貌规划实施中的弹性管理模式

(1) 风貌规划底线管理

底线有两层含义：一是指最低限度的必要条件；二是指事情在能力范围内的临界值。无论哪层含义，"底线"都是警戒线，是不可逾越的一条基线。

将底线管理引入新城风貌规划实施管理中，风貌规划实施管理的"底线"被用于解答新城地块出让和项目建设开发过程中"不允许怎么建""鼓励如何建设"等简单问题。这种"管控导向"的工作思路，突破了"设计导向的蓝图式风貌规划"管理体系，强调将"新城风貌的形成过程"作为全新的管控重点，由"风貌目标"控制到"风貌手段"引导，最终落脚于"风貌情境＋风貌神态"的全局性新城风貌规划认知逻辑。

通过为新城开发建设订立最低准则而不是设定最高期望的方式，新城风貌规划实施管理的目的不在于通过风貌规划保证控制产生最好的设计，而在于通过合理的风貌引导保证不产生最坏的设计。

(2) 风貌规划满意度管理

作为"城市环境"的"综合概念"，城市风貌的品质也直接关系到人们对城市环境的"满意度"。以提升满意度为价值目标的风貌规划实施管理，集中反映的是城市中的人们对新城发展的美好希望和价值追求，即"人们希望新城是什么样的"或"人们不希望新城是什么样的"。因此从本质上来讲，满意度管理是一种管理结果的反映而非单纯意义上的科学理性推理结果的映射。

3. 风貌规划实施中的弹性管理制度优化

精细化治理背景下，风貌规划审批实施管理区别于城市设计的刚性指标控制，其核心特点是更为贴近"因时因地"的弹性控制。风貌规划审批中弹性管理制度的优化可通过以下几种方式：

(1) 行政指导提高管理效率

在传统的行政管理模式中，一切管理行为均根据行政管理的需要进行。行政处罚、行政许可等行政管理手段一般都是单向的、强制性的，管理相对人处于被动、服从的地位。

与之相对应，行政指导则是非强制的柔性管理方式。行政执法人员通过指导、劝告、建议说明、警示等柔性手段对相对人的行为加以引导。这种执法方式有助于提高相对人的法律意识，达到自觉停止违法或避免违法，形成相互尊重、相互信任、相互协作的和谐行政管理关系。行政指导所拥有的广泛适用、柔软灵活、方法多样等诸多特点，恰好与具有"柔性特征"的风貌规划管理活动相匹配。与行政许可等强制性手段相比，可以更加有效地提升风貌规划从编制到实施的全过程管理效率。

（2）弹性审批融入风貌审批实施管理

"新城风貌规划"是对新城开发建设行为和公共空间塑造的一种"全方位引导"。由于包含众多灵活的、难以用明确数字标准描绘的内容（比如色彩、材料等），审批过程中，不应该过多地设置具体的数据或硬性规定，以保证风貌的文化和艺术特性以更加灵活、更具弹性的方式融入风貌规划审批管理过程。

另外，在风貌规划审批至实施的管理阶段，新城风貌规划的精髓和重要要求已基本融入控制性详细规划（或城市设计）的控制导则并转化为设计条件，从而具有了法定效力。在这个过程中给各方预留在一定范围内做选择的弹性空间，可以使风貌规划真正适应新城中多元主体不同的利益需求。

（3）风貌实施管理中的弹性控制机制

新城风貌具有长期性、综合性和不可量化性。规划专家的权威认知，一方面可以提供更为全局的、持续的、专业的知识和行动策略，并不断地总结和提升；另一方面可以有效地协调各不相同的文化诉求，并为相关的政策法规、行业标准提供技术支撑。借助风貌规划委员会制度与风貌规划师制度，可以有效地保障风貌规划审批管理中的弹性控制。

通过引入风貌审查制度中的风貌委员会/风貌规划师制度，借助权威专家及其团队的丰富经验，在新城开发建设进入实施阶段之前设立专家咨询和评审流程，一方面可以保障难以实施的风貌规划要求，如建筑风格、空间文化价值、形态体量等得到较好的实施；另一方面也可以在保证修建性详细规划到建筑落地方案修改的深化设计阶段中，风貌规划的相关要求均能得到全面的贯彻。

最后，公开透明的诱导、奖励制度，可以通过鼓励开发商或者设计主体的积极探索，弥补法定规划的某些缺点。同时，也可以尽可能多地为城市提供满足风貌要求的高品质公共空间环境。

5.5.2.2 风貌规划实施模式的多元化探索

不同国家政府的行政层级划分、管理制度均有所不同，在此背景下，风貌规划实施的途径也是多样化的。同时，鉴于不同国家、地区城市风貌的受众群体和管理目标也不尽相同，风貌规划的实施绝不能采用"一刀切"的方式。通过前述中对欧美各国风貌规划控制实践的研究，风貌规划实施的模式有以下几种：

1. 英国

英国没有具体的景观管理法，但却有着悠久的景观保护政策传统。在英国，景观（风貌）作为社会共同决定的产物，以一种"嵌入式"的方式融入现有的各级空间规划、政策与战略之中。

2. 美国

美国以区划法（Zoning）作为对城市建设土地使用和设计控制的基本手段，通过城市设计导则发挥引导城市风貌塑造的重要作用，并从容积率、建筑高度退后、建筑体块等方面对设计进行控制。

3. 法国

在法国，景观规划实施的一个重要途径就是与土地管理（城市规划管理制度）的结合——"项目"（Project）制度。该项目制度是以项目为基础的方法，是在确定意图和目标、分析上下文、收集的数据将作为建立项目的工具，是景观价值观的实际运用。

4. 日本

在日本，依据《城市规划法》的"地区规划制度"与依据建筑基准法的"综合设计制度"和"建筑协定制度"包含了城市风貌规划的概念和内容。通过围绕《景观法》形成的"国家级别法律-景观法及相关法律-地方法规"三级法规体系结构，达成行政行为介入城市开发建设，以控制私人开发建设活动追求的目标。

从多元管理的角度去重新审视法国、日本、欧美等国家和地区城市规划（城市设计）的先进经验，可为新城风貌规划实施管理提供更为有益的启示。对风貌规划实施管理的国际经验进行总结，可以发现它们的共同点均是：在现有城市规划管理体系之外，成立专门的行政机构，或召集专门委员会（小组）以及最大限度的实行多元主体共同参与风貌规划实施管理的制度，将良好的城市风貌视作全体市民的公共福利，从而有效弥补现有城市规划管理体系在风貌实施控制方面的短板。

5.5.3 转型中的新城风貌规划实施管理模式

5.5.3.1 我国风貌规划实施管理现状

目前我国城市风貌规划的实施模式可分为三类：

1. 作为各级城市规划的专项部分

风貌规划成果以"图则＋表格"的形式作为必要附件被纳入城市规划管理体系之中，借助法定规划的强制约束力加以落实。如《台州市区国土空间总体规划2021—2035年》，将风貌控制纳入城市总体规划的章节中，借助于总体规划的法律效力，风貌控制条款也拥有了一定程度的执行力；但受限于风貌规划的深度，列入总体规划范畴的风貌图则无法对城市风貌起到真正的控制作用，风貌规划控制的深度需要进一步提高。

2. 作为城市设计的专题研究

将已有风貌规划设计成果作为上位规划，用于约束、指导下层次的规划设计或建筑设计。如《漳州城市建设整体风貌特色规划》，通过编制内容全面的规划框架，对漳州重点地区的风貌控制提出了具体详细的要求；此外还有《漳州城市建筑形态与风貌控制导则》《漳州城市建筑色彩控制导则》等专项导则，与城市设计导则一起控制城市风貌关键要素，并对风貌要素在下一阶段各项规划中的实施提出控制要求。此种全覆盖的实施管理模式较为适用于风貌矛盾突出、需要快速有效落实部分风貌要求的城市区域，较难一次性落实。

3. 编制相应的风貌规划管理规定及针对具体单元的风貌控制图则

将风貌规划成果直接作为土地出让时规划条件的组成部分，成为规划或建筑设计方案审批和核发"一书两证"的依据。如《深圳前海城市风貌和建筑特色规划》（2016），将风貌规划控制条文转化为土地出让规划条件，同时将风貌规划成果正式纳入建设用地规划条件，作为建筑设计的编制依据，为前海地区的城市开发建设提供了有力的技术支持。此外也有地方政府通过强制性的行政力量干预，使投资商必须遵守城市风貌规划中的原则性重要事项。此方式的缺点在于由于具有强烈的自上而下的管控效力，风貌规划图则常聚焦于建筑色彩、街墙表情等具体的细节控制上，管理灵活性被降低。

考虑到风貌规划具有的美学、人文等属性，目前各城市也都在探索其他灵活的控制实施方式：除常规地通过规划行政部门监督落实之外，一些城市也开始尝试创新的实施制度，如遂宁市的总风貌规划师制度。《遂宁市总风貌规划师制度实施方案》规定由总风貌规划师负责对遂宁市重大城市规划、重要片区的城市设计和风貌控制、重点建设项目设计方案（尤其是在空间关系、建筑造型、屋顶、色彩、材质、店招、地面景观塑造等风貌建设方面）提供技术咨询和审查意见。在总风貌规划师负责的项目审查中，风貌规划是需要进行单独审查的部分。总风貌规划师的审查结果将形成正式的纪要，并作为项目修改和再次审查的依据。进入再次审查程序的开发建设项目，由总风貌师对方案中风貌要求的满足程度进行重点把控，审查结束后再做记录，直到确认设计方案已经按风貌规划要求修改到位。总结来看，我国城市风貌规划审批实施管理的实施阶段依然是以城市规划管理体系为基础的行政主导下的自上而下的单向管理模式为主。

5.5.3.2 单向管理模式到多元主体参与模式的转变

1. 单向封闭的静态管理模式

现有城市规划管理体系下，风貌规划管理的主体局限在行政系统之内。风貌规划审批实施管理的主体仍是各级政府中的城市规划主管部门（如各城市中的规划和自然资源局），其管理依据主要包括与城市规划有关的法律法规以及城市规划部门自身的工作程序。风貌规划的审批实施管理基本上是由政府行政决策来确立的，以规划管理部门为控制主体的自上而下的、单方面主导过程。

风貌规划实施管理过程中，规划编制者和管理决策者有机会将其对城市未来的理想愿景和价值判断贯穿于城市建设和发展的整个过程；作为城市建设和城市活动主体的广大公众却较难表达他们的利益要求和价值观，其对于城市发展的诉求愿望也只能靠规划师的洞察才有可能得以体现。风貌规划管理的社会公众主体几乎完全脱离了规划管理的过程，风貌规划实施管理成为单向度的、封闭的、仅体现精英价值观的静态过程。

2. 双向互动的多元主体参与模式

市场经济体制的逐步建立以及城市土地有偿使用制度的实行，促使了新城开发建设过程中多元化投资主体的出现。新城风貌规划实施管理是一项复杂的系统工程，涉及广泛而多元的利益主体以及各种复杂的问题。

在多元主体参与的新城风貌规划实施管理中，规划部门的行为将决定和影响其他管理主体的活动方式和活动效果，因此规划管理部门依旧是不可替代的管理组织者。但社会组织及公众参与的积极意义同样不可忽视：一方面，社会力量的加入，可以克服行政管理包揽一切的弊端，提高风貌规划实施的公平程度；另一方面，通过宣导教育等手段，规划部门为公众提供有关风貌规划的目标、方法等知识，公众既是批评者，又是创造者，通过为规划部门提供各种形式的有效反馈意见，以确保管理者价值取向的合理化。双向互动的规划管理过程成为管理者与公众互相学习、提高的过程，社会组织以及公众的积极参与也使得风貌规划实施管理更加切合实际。

多元主体参与的城市风貌规划实施管理，其显著特点是管理主体多元化。多元主体之间的互相沟通、反馈，保证了风貌规划实施管理的过程演变为双向互动的、开放的、动态的多元价值实现过程，这样的双向互动也增加了风貌实施管理中的协调性。

5.5.4 新城风貌规划实施管理的优化路径探索

城市风貌规划是一个复杂的系统。现阶段，由于风貌规划编制管理、审批与实施管理过程未能达到有机的统一，或者因为实施管理过程中的种种不恰当措施，我国风貌规划的设计成果往往得不到很好的贯彻实施。

从更科学、更系统化的观点看，城市风貌规划过程不仅包括规划成果的"前期"编制过程，还应包括对风貌规划成果的"中期"实施管理过程。甚至应涵盖对使用以后的建成"产品"进行评价和反馈的"后期"循环修正过程。只有融合设计编制与实施管理过程的城市风貌规划才是完整的城市风貌规划。城市风貌规划的实施往往受限于市场条件下多元利益因素影响。考虑到风貌规划自身的复杂性，如何做到"合理干预"，而非"过度干涉"一直是城市风貌规划实施管控的难点所在。

在城市快速开发建设的当下，面对多元利益博弈、实施管理被动、管理僵化等复杂的城市风貌问题，恰当地运用与现行城市规划体系协同的风貌规划实施管理机制，从规范性、社会性、反馈性、制度性等多个方面对新城风貌规划实施路径进行全面系统的优化和改进，可有针对地提高新城风貌规划实施管理的整体适应性。

5.5.4.1 协同性优化：政府主导下的多元协同管理机制

1. 风貌规划实施管理中的多元主体参与模式

我国现行城市规划管理体系自上而下等级分明的特点，使其呈现出单一权力中心控制的特质，风貌规划管理过程中的编制、审批、实施管理主体都是政府的规划管理部门。公共管理理论认为，单一权力中心体制绝对垂直的命令服从机制实际上不利于行政效率的提高。单一权力中心体制内，过度集中的决策权力，使得风貌规划实施管理的运行成为仅在体制内单向循环的过程，必然会造成规划实施的失效和乏力。

多元主体参与风貌规划实施与单一权力中心控制的最重要区别就在于，前者的秩序体系内并没有一个拥有"终极权威"的行政管理机构来行使垄断性的权力。事实上，新城风貌的活力和绩效正是借助不同利益主体间的协作、竞争甚至冲突才得以发生。基于此，风貌规划实施管理中也应该形成以规划管理部门为主导核心的多元主体协同参与模式。

除规划管理部门外,风貌规划管理中同样需要增设其他政府机构或其他组织,如成立规划委员会、风貌委员会、非政府组织、社会团体等,并通过其他组织间相互独立作用,将这些组织化身为规划管理主体参与规划过程。为了保证不同管理主体的管理行为都有法可依,风貌规划实施管理中还需建立不同层次的法定程序,以避免由个人随意变动带来的程序失控。

多元主体协同参与下,规划管理主体成员组成也应该尽可能广泛地吸取非政府人员和相关专业人士。考虑到风貌规划管理的特殊性和较强的专业性,相关成员应该具备规划、建筑、工程、法律或公共政策等多方面的专业知识和经验。多元主体协同参与的方式,不仅可以有效避免目前规划管理机构集风貌编制、风貌审批以及风貌实施和监督于一身的单向权力集中问题,还能够在风貌规划的全过程中形成有效的监督和制约。同时,全面专业的知识背景,也有利于提升新城风貌规划中管理主体与管理对象之间沟通的质量和顺畅程度。

2. 风貌规划实施管理中的社会协同机制

城市风貌的文化属性和公共管理属性决定了其社会属性特征。针对其的管理应是由政府、社会组织、社会公民等协同参与的,对政治、经济、文化等社会公共事务所实施的管理活动。弗雷德里克森(George H. Frederickson)认为,现代公共行政是一个由各种类型的公共组织纵横联结所构成的网络,包括政府组织、非政府组织、准政府组织、营利组织、非营利组织。

风貌规划管理作为一种公共治理行为,在当代我国行政体制改革趋势下,愈发呈现出一个以政府为主体、私营部门和第三部门等非政府部门共同参与的多元化管理体系。政府、社会、市场等多元的风貌规划管理主体间通过合作、协商以及确定共同目标等途径,借由"委托-代理""监督-被监督"的管理体系来应对"政府失灵"和"市场失灵",以实现新城风貌这一公共政策的协同有效管理。

新城风貌规划实施管理的核心目标是多元主体间的利益协同。通过建立政府、非政府组织或其他非营利性组织等多元管理主体与政府调控间互补、互动的协同管理机制,可以从根本上确保新城风貌规划建设过程中公共空间文化价值的落实、市场开发的经济价值以及市民生活文化的社会价值等多元价值之间的有效协调,确保各方利益的公平性与合理性发展。在风貌规划的社会协同管理中,"协商(协调)性管理"将会也应该成为最主要的实施办法。

3. 非政府组织(社会组织)的风貌规划实施管理职能

风貌规划管理中的"文化",本质上是一种针对城市公共空间的审美协调和价值传导。为避免传统风貌规划编制过程中编制者与审批者身份重叠的尴尬,新城风貌规划实施管理中可以将关于"文化意义"部分的风貌设计服务咨询、设计沟通等工作,以"组块"等方式外委托给更为专业的技术服务机构或者其他非政府公共组织(社会组织),如下文中提到的地区风貌规划师。

此部分的"外包"工作，主要是通过对风貌规划成果的具体解释，达成新城开发建设过程中不同开发主体之间的设计沟通与交流协调。其工作目的是引导不同开发主体把握新城风貌规划的基本方向，而非针对性地具体指导某个设计方案的修改与调整。

4. 地区风貌规划师制度：对风貌价值的经验协调

新城风貌规划实施过程中，"精神统一性"是其管理的关键特征。要在复杂的利益博弈过程中尽可能形成新城风貌的统一和谐，一方面，可以借助法定效力的城市规划体系将地区风貌文化真正贯彻落实到修建性详细规划之中；另一方面，可通过地区风貌规划师对新城建筑群体形态进行协调。

在整个过程中，城市风貌规划师最为重要的作用是对城市风貌规划成果做出解释，而非对具体设计方案做出设计指导。风貌规划师在风貌规划实施过程中，以"协调者"的身份出现，通过交流和讨论去处理规划文本与具体设计之间的设计沟通问题，并促进作为"概念"的风貌向"物化"的风貌转变。

就国际经验来看，在法国由国家建筑师（ABF）进行历史风貌区建筑形态、色彩、材质等的把控；荷兰也有由建筑师组成的设计控制委员会，来监管城市项目的"监管体系"；日本则是通过总建筑师制度，从综合性的立场出发参与商讨整体用地的设计，并调整各区设计的相互关系。以上经验也证明了政府主导下的多元协同管理机制可以有效解决风貌规划管理中"文化"的柔性管理难题。

5.5.4.2 社会性优化：基于阶梯理论的公众参与

1. 风貌规划实施管理中的公众参与

通过城市规划设计实践的研究归纳，可以明确地发现国内外已经不同程度地将公众参与纳入了城市规划过程中。英国、美国、日本、新加坡等国家，几乎都以法律的形式明确界定了公众参与城市规划（城市设计）的内容、方式和手段。公众参与几乎覆盖了城市规划的各个阶段，并且形成了相对较为成熟和完善的公众参与机制，从阶梯理论的参与层级上来看已经迈向了实权参与阶段。在参与方式上，除了传统的公众评议、质询、听证会等，还涌现出了诸如美国参与式情景规划、新加坡的城市画廊数据采集平台等可视化的、生动有趣的公众参与新方式。相对来说，我国城市规划领域的公众参与实践起步相对较晚，现阶段的公众参与尚不规范，公众更多的是被动的事后参与。但随着法治社会的推进和社会的逐渐成熟，我国城市规划的编制和实施过程中也越来越重视公众参与，并正逐步走向政府主导型的积极参与阶段。

近年来，北京、上海、深圳、江苏、浙江、青岛、济南等省市在各类规划中都对公众参与进行了有效的探索，独立或通过第三方机构开展了座谈会、论坛、问卷调查等不同形式的实践。以北京市海淀区学院路街道为例，其探索性地引入"1+1+N"模式，邀请一名全职责任规划师与一位高校合伙人和N家设计机构配合（其中，责任规划师与高校合伙人由区政府统筹计划配置，设计机构则根据项目具体需要在政府引导下择优选择），搭建综合协同规划平台，扩大公众参与的同时，激发了社会活力，提升了城市品质。合作共赢的公众参与方式，借由特色化的街区规划机制，初步实现了共建、共治、共享的公众参与新局面。在传统形式之外，各地也更加关注网络形态下的公众参与，通过设立专题网站、微信公众号等方式与公众互动，这种新型参与机制也在一定程度上引领了风貌规划管理实践中公众参与的新趋势。

2. 风貌规划实施管理中的公众参与阶段及形式

在较为理想的情况下，公众参与应该贯彻在城市风貌规划管理的前、中、后期，即在风貌目标确定、风貌规划编制、风貌方案比选、风貌规划审批、风貌规划落地实施的不同阶段，通过书面调查、意见走访、公众接待日、公众听证会等不同程序，使公众参与贯穿于城市风貌规划管理的每个环节。

此外，在风貌规划管理的不同阶段，采用类型丰富的公众参与形式，更有助于提高城市风貌规划落实的合理性。例如在编制涉及重点地段、重要公共项目的风貌规划时，通过建立由城市规划委员会组织调查、征求公众意见的机制，有选择性的公众参与（专业性的公众代表决策等方式）可以提供更多更广泛切实的风貌建议，提高风貌规划编制的落地性；而在城市规划委员会/风貌委员会审查项目规划方案的阶段，可以通过探索公众旁听会的方式增加决策过程的公开透明。

最后，建立社区规划师制度，尝试通过指导和实施正确的规划流程，培训和引导居民展开更为有效的公众参与也是城市风貌规划管理过程中，践行公众参与的一种手段。2018年以来，上海杨浦区首创社区规划师制度，邀请12名来自不同高校规划、建筑、风景园林专业的专家一对一对接辖域内12个街镇，为社区更新做长期跟踪指导，共同搭建了以政府为龙头，街道和居委会为管理依托，居民、企业和机构共同发展的良好平台。

3. 公众参与的有效性提升

我国城市风貌规划领域的公众参与实践起步相对较晚，公众参与基本都停留在大的原则阶段，参与程序、程度都不尽明确，相关制度迄今没有明确的专项法规加以说明。这也直接导致了公众参与的主体不够明确、范围不够清晰、参与程序无法保障等现实难题，公众参与的有效性大大降低。

基于公众参与效果不佳的现状，建立健全公众参与机制，提升风貌规划实施管理中的公众参与有效性，可从以下几个方面着手：

（1）建立完整的公众参与法律保障体系

欧美等国城市设计中的公众参与都有明确的法律基础，如英国的《城乡规划法》、德国的《建设法典》等。在我国，现阶段风貌规划实施管理中的公众参与还只停留在表面，要提高公众参与的有效性，相应的保障性法律法规或相关条例急需针对性的深化和补充。

（2）设立相应的公众参与执行机构

发达国家，公众往往通过社区组织就可以有很多参与城市规划中的渠道。以美国为例，"市民咨询委员会""住房与规划理事会"等社会团体或组织不仅有权干涉城市规划活动，还可以通过组织公众投票、策划游行等活动合理合法地干涉城市规划决策的产生。

结合我国的政治体制,通过各级政协委员会、人大代表、社区组织(如成都的社区发展治理委员会)等组织公众更好地参与到城市风貌规划中来也是完全可能的。

(3) 建立并完善良好的公众参与信息平台

风貌规划的信息公布和知情权保障,是公众参与新城风貌规划的基础。我国多数城市并没有法定的信息公布平台,要提高公众参与的有效性,一方面可以建立标准化的新城(风貌)规划信息发布平台,使规划公开、规划结果公示和查询变得更加合法和透明;另一方面,可以灵活地利用新媒体推介方式,通过代表社群、公众号推送等网络化治理模式,确保规划反映民意,真正提升新城风貌规划的高效性、公开性和民主性。

5.5.4.3 反馈性优化:完善风貌规划实施监管机制

以系统论的观点看管理,任何管理本身都构成一个完整系统。同样,新城风貌规划管理也是一个由决策系统、执行系统和反馈系统组成的完整系统。完善的反馈系统建设,可以促进对风貌规划审批管理的监督。

1. 风貌规划审批实施管理反馈系统的问题所在

(1) 行政监督机制尚不健全

目前我国的风貌规划实施管理主要针对的规划设计方案审批后的实施管理。实施管理过程中,一来缺乏对行政主体(规划管理部门)的相应监督;二来对技术违规、贪腐等行政失职责任的追究程序和责任人具体界定也未明确界定。此外,此阶段的行政监督多局限于规划行政部门内部,"同体监督"的尴尬局面导致了风貌规划实施管理监管效力不足。

(2) 社会监督机制尚未建立

首先,风貌规划实施管理中的社会监督机制尚未获得明确的法律地位。规划公示(公告)、相关负责人联系方式公开等制度,从实施效果来看只是法律制度不完备的现状下采取的弥补措施。另外由于缺乏关于社会监督的程序性规定,社会监督中的公众参与如何操作,如何将其纳入规划管理系统,依然需要辅以明确的法律依据。

(3) 规划监督的巡查、处罚力度均有待加强

根据现行法规,规划管理部门在面对蓄意或无意破坏城市风貌规划的行为时,只能充当处罚命令的"送达者"和强制执行的"申请者"等角色。新城建设过程中,低风险的违法行为产生高额违法收益,建设项目批后建设过程中突破风貌要求、规划指标的事例屡禁不止,风貌规划乃至城市规划的严肃性、权威性都受到严重挑战。

2. 建立完善的风貌规划监督保障机制

相较于风貌规划实施管理反馈系统的问题,完善的风貌规划实施监督制度可从以下方面做出探索:

(1) 健全行政监督机制

考虑到城市风貌规划的特殊职能,对规划行政过程的监督应当由独立于地方政府的机构执行。从规划管理过程来看,构建完整的"就地监督、内部制衡和上级督查"体

系，可以有效地避免规划主管机构将规划编制、审批、实施和监督权责集于一体的不利局面。

(2) 建立社会监督机制

首先，要进一步完善规划公示（公告）制度，通过并获得批复的风貌总体规划和风貌详细规划应及时向全社会公布，重大建设项目审批前、后均应执行公示程序。此外，进一步明确社会公众合法参与风貌规划监督的制度渠道和程序，提高公众监督的组织化程度和专业化水平的同时，还应积极地将权威专家、社会团体、公众等纳入监督系统中，以真正提高社会舆论监督的效率。

(3) 建立完善风貌规划诉讼机制

无论立法和监督机制多么完善，行政主体在开展管理活动时都不能完全避免管理不当或行为本身违法的情形。为了防止风貌规划的实施管理过程中，管理行为本身侵害管理对象的合法权益，有必要建立完善的行政复议、诉讼制度以对这一现象及时制约和挽救。

目前，我国城市规划管理的复议由上级管理机关进行，行政诉讼由人民法院受理。由于规划管理专业性强，普通法律官员难以保证判决后果的科学公正，为提升效率规划管理诉讼可交由诉讼委员会受理。

5.5.4.4 制度性优化：建立完善风貌规划奖惩机制

1. 风貌规划实施管理中的"诱导"机制

市场经济条件下，新城风貌规划的实施管理往往受到诸多不确定因素的影响，如开发主体、管理主体、评审专家以及社会公众等不断变化的利益诉求，这些都在客观上对风貌实施管理提出了"刚弹兼顾"的要求。风貌规划的实施管理既要保证新城风貌规划的刚性、规范性，同时又要顾及市场机制的灵活性、弹性，这种情况下"诱导"与"强制"成为新城风貌规划管理的两大重要手段，"糖果"加"大棒"的软硬结合手段将更适用于营造城市物质空间环境形态的风貌规划实施管理。

作为一种激励性措施，"诱导"机制通过设置合理的外界刺激，激励城市建设者和参与者自发地实现某种实践。风貌规划的实施管理过程中，通过设立具有一定吸引力的激励措施，可以有效减少城市开发建设活动中个别项目与城市风貌既定目标的矛盾与偏差。城市风貌规划实施管理中的诱导机制可以包括资金支持、艺术激励、照明激励、绿化激励（景观替代面积激励）、容积率奖励、税费政策优惠、开发权转移等不同种类。

2. 风貌规划实施管理中的惩罚机制

同时，对于风貌规划的实施管理过程中违反城市风貌导则要求且拒不整改的，规划管理部门可以根据违法建设性质、影响的不同，采用责令停止建设、限期拆除或者没收、责令限期改正、罚款等不同的处罚措施。对于进行违法建设活动单位的直接责任人员，城市规划管理部门还可以依法要求其所在单位或者上级主管机关给予必要的行政处分。

3. 风貌规划立法的再思考

长期以来，规划界对风貌规划的合法性理解都存在一种误区，即：为了提高城市风貌规划实施的可操作性，必须确立其法律地位。事实上，这种对法律地位的不明诉求其原因在于错误地混淆了"风貌规划"与"风貌规划管理"。风貌规划是创造行为，风貌规划管理则是管理行为，就风貌规划控制的实效性来看，真正需要法律地位保证的是风貌规划管理。具体来说，需要明确风貌规划控制体系中的以下方面的法律地位（即合法性授权）：

（1）风貌规划所依据的社会公认的价值观及其评判标准。

（2）风貌规划管理的主体和程序（即风貌规划审批管理和实施管理）。事实上，风貌规划编制（单纯的风貌规划技术）并不需要，似乎也无法在短期内取得相应的法律地位。

总结来看，在现阶段的国情之下，抛开城市规划法规体系建立全新的风貌规划专项法规，在短期内是难以实现的。从前面章节中对风貌规划管理的相关性分析来看，短期内风貌立法既无可行性又无单独立法的必要。相对来说，在依据现行城市规划法规体系基础上，有选择地、渐进地赋予城市风貌规划审批实施管理相应的法律地位是更为理性的抉择。而在条件成熟的将来，一方面，可以通过构建"法律（国家层面）-行政法规/部门规章（制度层面）-地方性条例/地方性规章（地方层面）"，经由不同层次法律法规构建城市风貌规划的系统性法规体系；另一方面，考虑到新城风貌的柔性特征，在总结日本、美国、法国等先进国家风貌规划实践经验的基础上，通过设立风貌委员会制度引入风貌专家、社会团体等不同主体的多元共治体系，并给予风貌委员会对不同阶段城市风貌规划的审查、决策权力以明确的法规保障，也可以更好地保证风貌规划管理全过程的有效实施。

5.6 本章小结

风貌规划控制（管理）的过程应是"自上而下"与"自下而上"结合的，双向互动、开放的动态过程，这样才真正有利于风貌规划过程中的上情下达、下意上申。

本章对新城风貌规划控制进行理论拓展的同时，从风貌规划管理的优化路径出发，围绕风貌规划编制、规划审批与实施两大阶段的三个主要管理环节提出不同的优化建议。

（1）风貌规划编制是一种基于公众意愿的未来情境表达。它不仅反映了规划者对新城未来空间形态的客观理性思考，还包含了对其价值理性（文化价值）的综合性描述。

由于目前我国风貌规划编制缺乏相应的制度保障，作为应对风貌规划决策的复杂性和不确定性而提出的一种规划方法，风貌情境规划通过"有规则的想象"来"思考不可思考之事"。基于情境选择的风貌规划其目的不在于一味地寻求"最佳的设计方案"，而是转为通过对城市空间形态发展意向的预判推动探寻"合适的发展战略及规划流程"。

风貌情境选择为城市建设提供基本准则而不是最高期望,即"不在于保证最好的设计,而在于保障不产生最坏的设计"。城市风貌规划的编制过程,通过"风貌情境"对城市空间开发建设活动以及环境文化价值的追求进行预测,并试图解答实际情境中风貌客体对认知主体的意义(认知主体对于风貌客体的评价更接近意象与态度的传达)。在此过程中,风貌规划控制不再是针对土地指标、建筑高度、尺度、建筑色彩、绿地率等刚性指标的"规范性"解释,而是城市文化在城市空间之中的"价值性"解释。"价值管控导向"的工作思路也取代了"结果控制导向"的传统规划方法,通过强调把控"城市风貌感知过程"的重要性,重新确立了由"发展目标"到"发展手段",由"形态、业态"到"情态、神态"的新城风貌全新认知逻辑。

(2) 风貌规划审批的本质是一种公共管理行为。不论是从法理学角度出发,还是通过对国际经验的归纳借鉴,新城风貌规划审批都应从完善审批管理的保障机制出发,推动"风貌审批法定化"的实践探索,通过风貌规划审批管理模式的法定化以及规划审批权限及程序的法治化尝试,将风貌规划审批真正地纳入城市规划管理体系之中。

同时,考虑到城市风貌的公共属性,对风貌规划的审查不仅是一个技术评价的过程,同时也是一个社会评价过程。在现有规划管理部门主导的规划审批技术基础之上,增加风貌委员会制度或者风貌规划师制度等"社会协同管理规则"作为审批依据,可以通过达成"社会协定"的方式来确定一些共同的价值基线标准,进而塑造"共同的愿景"。

(3) 风貌规划实施管理、多元主体的利益博弈密切相关,既是结果性管理过程,也是过程性管理过程,这种双元特征决定了风貌规划实施的管理过程既要包含对风貌控制目标的精准把握,又要包含对风貌形成过程的有效引导。

本章节的研究中,在深入分析新城风貌实施管理复杂性的基础上,围绕风貌控制目标的实现提出了政府主导下多元主体协同参与风貌规划管理的新型模式;探索了在现有城市规划管理制度体系下积极引入风貌委员会等社会协同管理的创新机制;围绕"风貌规划审查"与"风貌实施监督"展开行政主管部门与社会主体共同参与的新型管理形式尝试;最后从协同性、社会性、反馈性和制度性四方面提出了风貌规划实施管理优化的具体路径。

新城风貌规划的实施由于受到各种主客观因素的影响,传统的碎片化"一刀切"的刚性管理模式无法继续适用,通过引入基于文化默契的"启示性"控制方法,与"强制性""引导性"控制互补,使随机博弈的各方在没有景观法的条件下也能够达成风貌这一公共管理的政策目标,从而使新城风貌规划真正走向对城市空间文化的"品质管理"。

第6章 实证研究：上海虹桥商务区核心区风貌规划控制实践

6.1 上海虹桥商务区核心区风貌规划简介

6.1.1 上海虹桥商务区核心区风貌规划范围

上海虹桥商务区位于上海市中心城区西侧，沪宁、沪杭发展轴线的交汇处，规划面积约86.6km²，其中主功能区规划面积为27.7km²。商务区核心区紧邻上海虹桥综合交通枢纽，规划面积约3.7km²，是商务区中部商务功能集聚的区域，也是建筑特色专项规划导引及户外环境特色专项规划导引的范围，其中核心区中部一期是面积1.43km²的重点控制区域，如图6-1所示。

图6-1 上海虹桥商务区核心区风貌规划范围示意

图片来源：《上海虹桥商务区核心区南北片区控制性详细规划暨城市设计》，2011。

6.1.2 上海虹桥商务区核心区风貌规划定位

上海虹桥商务区核心区（3.7km²）定位为现代商务功能，是上海"多中心"中央商务区的重要组成部分，将建设成为上海市第一个低碳商务社区。

依据已有上位规划及城市空间文化条件，上海虹桥商务区全域的风貌分层分级定位划分为商务区拓展区、主功能区、核心区三个空间层次。借鉴日本经验，将风貌分为"景观地区""准景观地区"两个级别，其中核心区为景观地区，其他区域为准景观地区。

风貌规划过程中，规划师通过提炼上海市与本区域不同层次的文化特色与空间特征，推演出总体分区的文化特色塑造需求，并以此为依据，将上海虹桥商务区风貌规划的特色定位分为整体和地块两大层面。

6.1.2.1　区域整体层面风貌定位

上海虹桥商务区核心区整体风貌定位总体上与东方神韵的海派文化大背景相融合，具体分为 8 个风貌分区：江桥镇风貌区、闵北镇风貌区、华漕镇风貌区、徐泾北镇风貌区、徐泾南镇风貌区、国际会展风貌区、枢纽主功能风貌区、生态控制风貌区。自然景观以地带性植物群落布局与公共开放空间及景观（绿道）廊道相结合。

6.1.2.2　地块层面风貌定位

在自然、历史社会现状的基础上，依据上位规划，结合上海虹桥地区现状和未来发展要求，27.7km² 的主功能区特色风貌定位为现代低碳新海派风貌，包括"祥云"风貌区（核心区）、现代风貌区、生态江南风貌区三个分区，其中的核心区定位为"东方神韵上海之梦"风貌区，简称"祥云"风貌区，如图 6-2 所示。

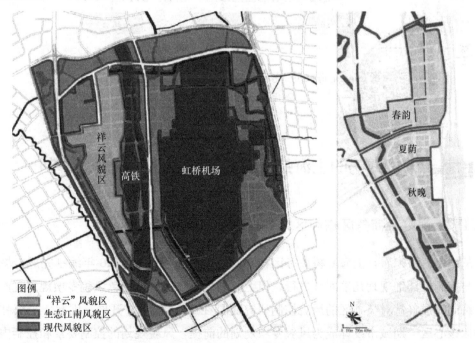

图 6-2　上海虹桥商务区特色风貌定位（左）及"祥云"风貌区的分区示意（右）

图片来源：《上海虹桥商务区空间特色风貌专项规划》，2012。

特色风貌定位的生成过程中，通过深入挖掘提炼传统地域文化底蕴，探索上海之未来城市文化精髓，将"意动"作为规划设计的核心，同时参悟盛唐时期"千丈虹桥望入微，天光云影共楼飞"的诗性，确定以"祥云"为场所意境，塑造具有国际独特性、东方神韵、可传播性强的新城特色风貌。"祥云"风貌区呈南北狭长带状布局，根据不同空间文化体验功能，又将"祥云"风貌区继续细分为若干以地块为单元的风貌分区，并以"春韵""夏荫""秋晚"等作为文化主题的意象性表达，生动地展示了特色风貌定位的形象愿景，其中上海虹桥商务区核心区主要位于"夏荫"与"秋晚"风貌分区内。上海虹桥商务区核心区风貌规划定位生成过程如图 6-3 所示。

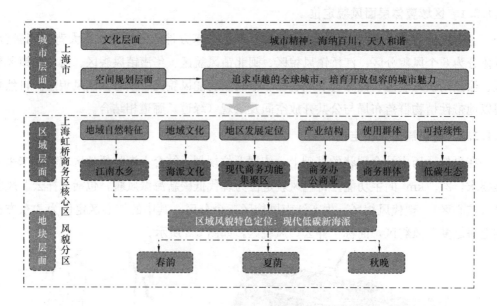

图 6-3　上海虹桥商务区核心区风貌规划定位生成过程
图片来源：作者自绘。

6.2　基于情境共鸣的上海虹桥商务区核心区风貌规划编制

6.2.1　上海虹桥商务区核心区风貌规划控制要素

从编制时序来看，上海虹桥商务区核心区一期城市设计于 2010 年编制完成，城市设计与控制性详细规划几乎同步进行，但上海虹桥商务区空间特色风貌专项规划在两年后才编制完成，针对核心区的风貌控制研究更是在 2013 年起才开展。因此，上海虹桥商务区核心区一期城市设计成为风貌专项规划的前提，风貌规划的控制要素和控制内容也基本上是针对城市设计中各区空间组织差异、建筑整体形态特征、各区景观整体特征、建筑色彩、各区氛围等城市设计内容的风貌引导。上海虹桥商务区核心区风貌规划控制具体内容如下。

6.2.2 上海虹桥商务区核心区风貌规划控制内容

上海虹桥商务区空间特色风貌专项规划编制时，城市设计编制已经完成，空间布局、基础设施等城市空间结构框架也基本定型，政府委托编制风貌规划的目的本就是对建筑设计进行控制。

实际操作中，上海虹桥商务区核心区风貌规划从区域自然地理以及文化特征出发，通过城市风貌特色资源鉴别、风貌元素提炼，形成特色风貌定位意象性描绘的同时，完成了与区域布局组织及公共空间系统相协调的风貌规划设计。

基于此，上海虹桥商务区核心区风貌规划的规划控制重点聚焦于区域内开发建设项目的建筑品质，对景观环境、街具设施等要素没有制定单独规划指导措施。

结合城市设计的相关成果，上海虹桥商务区核心区风貌规划控制主要针对建筑体量、形体、高度与天际线、建筑色彩、建筑立面、底层设计等要素进行了具体的风貌引导。

6.2.2.1 建筑体量控制

建筑体量的规划中，城市设计提出区域内地标建筑或重要建筑最高为10层办公建筑（区域限高48m）、普通建筑为6~8层，局部以3~4层体量作裙房联系、干道上建筑边界贴线率（80%）以形成优美和谐的街墙比、街坊尺度控制（150m×200m）、步行道间隔（90~150m）等规定性要求。风貌规划中，以城市设计规定性要求为基础的前提下，特别提出了建筑分段化处理的设计引导：即要求上部（3层及以上）突出底部至少3m，以塑造风貌表情中"浮云"的意象，如图6-4所示。悬挑出的建筑底部同时与相邻公共开放空间形成了积极的互动关系。

图6-4 风貌专项规划中的建筑分段化要求示意
图片来源：《上海虹桥商务区空间特色风貌专项规划》，2012。

6.2.2.2 建筑形态引导

先期编制的《上海虹桥商务区核心区南北片区控制性详细规划暨城市设计》中各地块已有具体的建筑形体方案设计,但总体来看未系统表达风貌规划控制的要求。风貌规划中通过强调建筑群之间形体变化的差异,在屋顶形式、转角部位的造型等给予具体的形式启示,并引导建筑形体设计方案与地块文化主题、整体情境意象相协调和呼应,如图 6-5 所示。

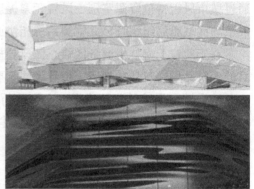

图 6-5　城市设计中的重要节点建筑设计(左)及"祥云"建筑转角造型引导(右)
图片来源:《上海虹桥商务区空间特色风貌专项规划》,2012。

6.2.2.3 建筑色彩与肌理启示

上海虹桥商务区核心区风貌规划中,为充分表达地域特色,对应具体地块的特色风貌定位,对不同的建筑部位,针对性地提供了突出吴地传统建筑色彩的墙体基色、辅助色、点缀色等可用的具体色系,总体上衬托"祥云",表达"云影"下的色彩感觉意象。

如图 6-6 所示,春韵风貌分区内的建筑色彩启示性图则中通过组合意象与文字说明结合的方式,对该风貌分区内的建筑色彩选择进行了引导。

建筑上段"春韵祥云"意象

图 6-6　上海虹桥商务区核心区"春韵"风貌分区建筑肌理及色彩意象
图片来源:《上海虹桥商务区空间特色风貌专项规划》,2012。

在此基础上,上海虹桥商务区核心区风貌规划中还明确提出鼓励用色及禁止用色等色彩引导要求,并辅以启示性的组合图则表达其整体关系,如图 6-7 所示。

水墨晕染　　　　　　　　　　透彩　　　　　　　　禁止"炫彩"

图 6-7　上海虹桥商务区核心区"春韵"风貌分区建筑鼓励及禁止用色

图片来源：《上海虹桥商务区空间特色风貌专项规划》，2012。

6.2.2.4　风貌图则中的专项风貌启示

上海虹桥商务区核心区风貌规划控制还对建筑的广告店招、场地铺装、街具设施、夜景照明的光色与表达意象、城市设计中提及景观环境相关的景观轴线、公共开放空间步行廊道等给出了建议的意向组合形式，如图 6-8 所示。

  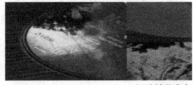

街具设施意象　　　　　"月色"夜景照明意象　　　　　　场地铺装意象

图 6-8　上海虹桥商务区核心区"夏荫"风貌分区专项风貌要素组合建议

图片来源：《上海虹桥商务区空间特色风貌专项规划》，2012。

需要强调的是，专项风貌部分并不对具体设计提出强制性的要求，仅通过启示性图则及辅助性的文字说明进行分区风貌引导。以上海虹桥商务区核心区"夏荫"风貌分区为例，其专项风貌要素要求如下：

1. 街具设施形式引导性要求：

标识性街具设施应具有明显的可感知、可识别的形态，反映地块主题、特色。一般街具设施采用自然主义的艺术造型手法，通过与其他设施的协调，突出低碳商务区的生态氛围。色彩方面，标识性街具设施、一般街具设施为显性；通用型市政街具设施为隐性。

2. 场地铺装引导性要求：

（1）铺装意象要求：通过特殊设计的铺地形式及色彩，突出表达"上海之梦"意象的梦幻感。

（2）铺装布局建议：特色地景铺装布置于标志性地景区域内，鼓励创意性地表达场地主题意象，并协调好与其他设施的关系；地景铺装占总场地铺装面积的比例不超过30%。

（3）铺装形态建议：地景铺装采用形式自由、细节丰富的平面图案，如涟漪波纹图案、海底纹样、马赛克铺装等。

（4）铺装材质建议：采用富有个性、纹样丰富的材料（如彩色碎石、卵石等），辅以金属线脚、木质铺装；慢行系统（斑马线、非机动车道）应采用彩色沥青。

（5）铺装色彩要求：鼓励采用轻柔色调的粉红色系（7.5RP～7.5P），以突出"上海之梦"意象的梦幻感。

3. 夜景照明引导性要求：以白光为主要光色，表达皎洁的"月色"意象。

6.3 基于启示性控制的风貌规划审批实施：以上海虹桥商务区核心区北片区 12-01、10-02 号地块为例

6.3.1 项目背景

6.3.1.1 项目概况

上海虹桥商务区北片区 12-01 号、10-02 号地块位于上海虹桥商务区核心区北片区，设计单位是英国 Aedas 凯达环球建筑设计公司、荷兰 MVRDV 建筑设计事务所。基地面积 8409m^2（10-02 号地块）、37017m^2（12-01 号地块），地上建筑面积为 15135m^2（10-02 号地块）、100188m^2（12-01 号地块）。

6.3.1.2 土地出让条件中的风貌要求

针对本地块的风貌要求分为建筑形态控制及公共通道与绿地控制两部分，其中：

1. 建筑形态控制：包括对建筑界面、建筑高度及标志性建筑、屋顶形式及建筑材质、建筑色彩、连廊与骑楼、公共通道的控制。其中，建筑界面控制根据城市设计所确定的贴线率而实施；建筑高度根据普适图则要求而确定；标志性建筑的设计要求为"突出、醒目、便于识别、形成视觉焦点"；建筑材质的控制则以"现代感建筑外立面，如玻璃幕墙为主"；建筑色彩建议以淡灰色调为主。

2. 公共通道与绿地控制：其中，公共通道控制严格按照城市设计图则所确定的公共通道走向和宽度要求；绿地控制根据整体街坊控制图则所确定的绿地率严格控制下限。

6.3.2 项目风貌设计要求

12-01 号、10-02 号地块位于上海虹桥商务区核心区的"春韵"风貌分区内，针对其风貌规划控制主要从风貌定位、风貌表情、建筑街墙表情、街具设施、场地铺装及夜景照明等方面实施。

其中，风貌设计要求对城市设计所确定的"建筑设计要求"赋予"文化意境"，采

用"形容词+图片意象"两种方式加以引导。

1. 材质建议：对建筑材质、色彩则给出更为具体的设计建议，如材质鼓励采用具有质感和自然肌理的材料（如穿孔板、天然石材等），不鼓励大面积使用无肌理的玻璃幕墙、金属挂板等外墙材料。

2. 色彩意象：以"水墨晕染"的色彩处理手法突出"祥云"意象，以"透彩"处理手法突出"彩虹"意象。

3. 基础色调：建筑基色以高明度灰为主，窗墙等建筑立面建议采用灰色玻璃、石材或金属等材质，以形成水墨画单色晕染的效果，表达"江南春霭"的意象。

4. 局部点缀色调：建筑立面可采用凹陷处理，凹陷内侧或垂直于建筑立面的板状附件侧面等部位施以点缀色的方式，或透过半透明、透明材料反映室内色彩，以表达"江南春色"，方案设计效果如图6-9所示。

图6-9 上海虹桥商务区核心区北片区12-01号、10-02号地块建筑设计方案
图片来源：《上海虹桥商务区核心区北片区12号地块街坊设计方案》。

6.3.3 项目风貌审批要求

上海虹桥商务区核心区风貌规划控制是在城市设计及具体地块单元规划设计基础上，强化空间特色的风貌规划控制管理过程。为保证核心区整体风貌的有序和谐，相关单位建筑规划设计方案出炉后，规划管理部门依据审批通过的《上海虹桥商务区空间特色风貌专项规划》召集风貌编制人员针对方案设计满足风貌规划阶段要求的情况进行判定，判定内容如下：

6.3.3.1 "二段式"规约

上海虹桥商务区核心区内所有建筑在立面上分为两部分，如图6-4所示，上下部关于建筑形态的要求各有不同：

1. 建筑上部：即建筑的3层及以上部分（>9~12m），需突出建筑下段至少3m，其形态、材质和色彩应协同表达"祥云"意象，符合无色、透彩、映辉的要求，建筑群体的边缘部位采用曲面造型。

2. 建筑底部：即建筑的2层及以下部分（≤9～12m），其形态、材质、色彩及其装饰（从道路上能见到的建筑室内装饰），应协同表达其特定片区的自然与文化意象。建筑下段应与相邻的公共开放空间形成和谐的整体关系。

6.3.3.2 建筑风貌的启示性要求（启示性控制图则）

1. 建筑色彩及材料引导性要求

鼓励采用吴地传统建筑材料（如粉墙、黛瓦、木质维护结构等），以表达地域建筑文化，如图6-10所示；总体上衬托"祥云"，表达"云影"下的色彩感觉，建筑色彩也宜选取突出吴地传统建筑材料的色彩。

图6-10 风貌规划中的建筑下段色彩建议
图片来源：《上海虹桥商务区空间特色风貌专项规划》，2012。

2. 建筑肌理引导性要求

（1）材料肌理引导性要求

鼓励采用具有质感和自然肌理的材料（如穿孔板、天然石材等）。

（2）材料肌理禁止性要求

禁止大面积使用无肌理的玻璃幕墙、金属挂板等外墙材料；禁止使用高反射率外墙材料。

风貌规划中建筑肌理的启示性图则如图6-11所示。

图6-11 上海虹桥商务区核心区北片区12-01号、10-02号地块建筑肌理组合启示
图片来源：《上海虹桥商务区核心区风貌控制研究》，2014。

3. 建筑群体组合色彩启示性要求

以"水墨晕染"的色彩处理手法突出"祥云"意象，以"透彩"处理手法突出"彩虹"意象。

(1) 水墨晕染：墙体基色以高明度灰（N6.75～N7.25）为主，窗户及玻璃幕墙应采用灰色玻璃，以形成水墨画单色晕染的效果，表达"江南春霭"的意象。

(2) 透彩：在建筑立面凹陷部位内侧或垂直于建筑立面的板状附件侧面等部位施以点缀色的方式，或透过半透明、透明材料反映室内色彩的用色方式，为"透彩"。

(3) 点缀色：选用浅色调的黄绿色系（7.5Y～10GY），以表达"江南春色"。

(4) 禁止炫彩：禁止在建筑外墙面或突出于外墙面的部位设置点缀色，禁止在平行于建筑立面的板状附属物表面设置点缀色。

4. 广告店招要求

(1) 禁止设置过于醒目的店招，建筑顶部禁止设置广告、店招。

(2) 广告面积应小于墙面（扣除窗户、玻璃幕墙）面积的40％。

(3) 广告应采用低纯度色彩（C≤4）；禁止设置动态广告。

(4) 所有广告店招应与建筑立面整合设计；鼓励采用烘托吴地传统的色彩；环境色彩特征应为隐性，与建筑色彩相协调；如采用高纯度色彩，则应设置于灯箱或牌匾的侧面。

5. 风貌规划阶段的建筑风貌判定标准

(1) 建筑上部的方案设计与风貌的"祥云"意象是否兼容，底部形态是否明确。

(2) 底部建筑方案所表达的建筑材料的质感、色彩与"透彩"的风貌要求是否符合。

(3) 广告与店招的设计要求是否明确。

6.3.4 项目风貌评议结论

启示性图则的引导基础上，建设方委托英国 Aedas 凯达环球建筑设计公司及荷兰 MVRDV 建筑设计事务所提交了《上海虹桥商务区核心区北片区 12-01 号地块街坊设计方案》，风貌评议意见分为符合要求、需调整完善、未体现要求三种。

其中，初步判定已符合上海虹桥商务区特色风貌规划要求的方面是：

方案在呼应"祥云"意象、"二段式"要求，在建筑群体空间组合、形态塑造方面，基本符合要求，并有所创意。

尚需进一步调整完善的是：

1. 建筑上部：要求以"春韵"气氛为共性，尚需在色彩、细部、玻璃等方面进一步充分体现。

2. 建筑底部：要求以"东吴夜船"气氛为共性，方案需深化完善。

3. 建筑之间的色彩可以有所差异以增强可识别性，但应保持"东吴""春韵"等地域特色，不应大面积采用异域色彩；

尚未提供，须完成和提供设计方案的内容是：

1. 色彩、材质、肌理须提供具体技术参数。

2. 场地、屋顶须提供景观设计方案。

3. 广告、店招、夜景灯光须提供设计方案，包括布局位置、数量、尺度。

6.3.5 地块风貌规划控制实效性评价

风貌评议之后,规划设计单位结合管理部门提出的风貌评议结论,针对建筑方案进行了进一步深化。重新调整方案后的建筑较好地实现了上下分段化的风貌规划要求,与文化主题意象有一定契合。

通过持续的风貌跟踪监督,本地块最终呈现的风貌规划控制结果如下:

6.3.5.1 分段式风貌要求判读

调整后的落地方案,不同建筑具备了丰富的形体变化,转角部位特色突出、并与沿街公共空间衔接良好。建筑底部设计也较好实现了风貌控制的要求,对相邻沿街公共空间的氛围改善有一定积极作用,如图6-12所示。

图 6-12　建筑两段式风貌要求满足情况

图片来源:作者拍摄。

6.3.5.2 建筑肌理风貌要求判读

风貌规划阶段鼓励采用可以反映吴地传统色彩,同时具有质感和自然肌理的材料(如穿孔板、天然石材)等以表达地域建筑文化。实际建成的建筑群体以灰色穿孔板为主要材料,并在边缘部位采用圆润的曲面造型,通过上段出挑的方式表达"祥云"风貌意象,如图6-13所示。

图 6-13　建筑肌理风貌要求满足情况

图片来源:作者拍摄。

总体来看，建筑立面用材符合风貌规划要求，肌理丰富、细腻、有时尚感，也形成了较符合风貌规划目标的整体意象。

6.3.5.3 建筑色彩风貌要求判读

风貌规划阶段要求墙体基色以高明度灰（N6.75～N7.25）为主，窗户及玻璃幕墙应采用灰色玻璃，以形成水墨画单色晕染的效果，表达"江南春霭"的意象。从实际建成效果来看，墙体基色、底部窗框、转角墙身以及玻璃色彩的选择都较好地满足了高明度灰色体现的"水墨晕染"意向（图 6-14），但是"透彩"的部分由于某些原因没有进行表达。

图 6-14　建筑色彩风貌要求满足情况

图片来源：作者拍摄。

6.3.5.4 建筑整体风貌要求判读

从建筑整体建成效果来看，经风貌评议后的方案调整富于技术表现力与现代时尚品位，同时不缺乏地区特色整体形象基本形成。建筑群与周边环境之间也较为协调，对体量、形体、立面材质肌理与色彩以及建筑底部设计的分项调控基本得到实施。尺度与城市设计一致；大部分建筑实现上下分段等风貌规划要求，建筑立面用材符合风貌规划要求，肌理丰富、细腻、有时尚感。不同建筑有丰富的形体变化，也形成了较符合目标的整体意象，转角部位特色突出、并与沿街公共空间衔接良好，与文化主题意象有一定契合，整体意象与风貌规划目标有一定契合。但仍有部分建筑立面上的广告店招色彩饱和度偏高、与建筑色彩对比过强，设计上也并未契合所在建筑的整体形象，局部未实现风貌规划要求。

6.3.6 上海虹桥商务区核心区风貌规划审批实施回溯

6.3.6.1 协同性审批实施：政府主导下的多元参与

上海虹桥商务区核心区的风貌规划审批实施管理以上海城市规划管理制度为制度性基础，对既有制度中风貌规划管理职能的缺位、审批管理的程序缺位等问题进行了优化途径探索，主要可以归纳为以下两点：

（1）事前管理中将空间特色风貌专项规划作为技术补充文件，正式纳入土地出让条件的法律文件，风貌控制条款得以成为建设项目管理的法定依据。

（2）风貌规划编制、审批实施的不同阶段，在加强政府主导管理的前提下，积极发挥第三方专家等多元主体参与手段的作用，采用专家审议小组、风貌专家顾问、专项评议等不同模式，对上海虹桥商务区核心区的风貌规划进行方案评议，通过评议后授予行政许可，并进行事后监督与验收等不同阶段的管理工作。

如风貌规划编制阶段，组织邀请了董春芳（曾任嘉兴市总建筑师）、王志军（同济大学建筑与城市规划学院建筑系教授）等建筑、规划、美术大师等不同背景的权威专家对上海虹桥商务区风貌定位、风貌分区的划定及风貌导则的编制进行会商，最终形成了群体性的专业（专家）决策来指导风貌规划编制阶段的管理工作。风貌规划审批实施阶段，邀请了时匡（苏州工业园区总规划师、总建筑师）等专家与规划管理部门一起对风貌规划成果与风貌实施过程进行审议、指导，精准高效的指导意见大大提升了风貌审批实施的效力。具有国际视野、兼具丰富管理实践经验的专家群体编制、审批实施、监督管理中多元主体的积极参与，"和而不同"的集体审议、决策过程，将各方沟通协商的过程融入风貌规划控制的管理过程，避免了风貌审批、实施管理"一言堂""一刀切"的副作用。

6.3.6.2 实体性审批实施：走向公共空间文化管理的风貌规划

上海虹桥商务区核心区风貌规划管理的审批实施途径探讨了以公共空间文化管理为目标的实体性实施路径：

1. 增强风貌规划控制的法定效力

上海虹桥商务区核心区的风貌规划控制实践中，探索了将空间特色风貌专项规划，以技术补充文件（SPD）的方式，纳入土地出让条件的法律文件，风貌控制条款成为建设项目管理的法定依据，风貌规划的法定效力大大加强。

2. 风貌规划编制与审批的"谋断分离"

为改变风貌规划编制与审批主体重合的尴尬局面，上海虹桥商务区核心区的风貌规划控制实践中，政府采用购买服务的方式，将《上海虹桥商务区空间特色风貌专项规划》委托由上海同济城市规划设计研究院编制，风貌规划编制与审批的流程被区隔开来。

3. 方案评议与许可

上海虹桥商务区核心区风貌规划控制的过程中，在规划管理部门（上海虹桥商务区管理委员会）的主导下，积极引入风貌专家组、风貌顾问等第三方评议主体，通过风貌专项评议、全过程监督等模式，实现了较好的新城风貌控制效果。

6.3.6.3 管理性实施：基于启示性控制的风貌规划全过程管理

上海虹桥商务区核心区的风貌审批实施管理程序可以分为三大阶段，即：规划条件核定阶段、建设工程设计管理阶段（含建设用地规划许可、建设工程规划许可）、批后管理阶段，每个阶段的工作重点和针对性也不尽相同：

（1）规划条件核定阶段（事前告知）：即土地出让条件阶段，风貌规划编制成果转化为技术补充文件，以法定管理文件的形式提交给建设者，在具体修建性详细规划编制前便对有关条文进行解释与沟通。此阶段的风貌顾问成为设计机构与规划主管部门（上海虹桥商务区管理委员会）的交流桥梁，风貌规划的指导要求提前转化为对设计条件的解释传递和对设计过程的有效价值引导。通过采用"前置参与、价值引导"的方法，风貌顾问将"基于结果的设计审批"有效更新为"基于设计过程的沟通完善"。风貌规划审批管理过程中各方沟通交流的有效增强，也确保了自上而下的规划传导和自下而上实施反馈之间有效的结合。

（2）建设工程设计管理阶段：此阶段包含建设用地、建设工程规划许可两个阶段。此阶段主要通过组织专项论证（风貌评议）会来开展工作（事中协商阶段），风貌专家根据风貌规划成果对建设开发项目与周边环境的关系、建筑色彩、立面材料、公共景观、设计元素等涉及美学价值的柔性管理内容等项目开发建设过程中风貌整体塑造目标的符合性、优异性进行评议，各方就风貌规划实施要点进行协商并达成"风貌协定"，作为后期风貌规划实施验收的相关依据。

（3）批后管理阶段：由风貌专家与建设单位就主要的建设材料进行协商与交流，确保风貌规划目标的最后实施。

以上实施管理阶段中的管理行为、专家审查与评议、风貌规划成果实施，均包含了"强制性""引导性"与"启示性"三种控制性质。

6.4 本章小结

上海虹桥商务区核心区风貌规划控制的实践过程中，采用了启示性的控制方法，即：通过"默契""暗示"等心理学手段对风貌规划设计的技术、风格和艺术手法施加影响，从场所体验出发，达成各方关于城市空间文化的"默契"认知。基于文化默契的启示性控制方法，与"强制性""引导性"控制相互补充，通过"术性"控制，对风貌系统中各要素的整体关系及品质进行技术示范与艺术启发、最终经由设计师的个人"领悟"实现城市空间文化的"默契"随机博弈的各方在没有景观法的条件下也能够达成风貌这一公共管理的政策目标，真正使风貌规划走向了对新城空间文化的"品质管理"。

第7章 结论与展望

7.1 研究结论

本书主要围绕"新城风貌规划控制的理论与方法"展开论述,并形成以下六大结论:

7.1.1 新城风貌规划的价值应被重新审视

全球化进程下,新城风貌趋同、城市个性特征相似等现象不断出现,"千城一面"等城市风貌失落(无序)的问题正在加剧。当前城市规划管理体系下,风貌规划往往被视为单纯的技术性管理工具,以系统论等理论为代表自上而下的风貌要素控制已成为我国风貌规划控制的主流方法。理性主义指导下,以自然科学方法论为主的控制理论正促使我国的风貌规划走向"理性、效率和公平"的公共管理大趋势,同等重要的城市风貌空间文化价值却频遭"忽视"。

作为一种城市治理实践活动,新城风貌规划具有其客观价值。市场经济高度发展的今天,私人资本正逐渐成为我国新城开发建设的主体,巨大的商业利益直接导致了多元利益群体对新城空间资源的过度需求,并往往导致新城风貌规划价值观的扭曲和新城整体风貌的混乱,降低新城空间文化品质的同时,也使得新城风貌规划的价值无法得到充分的实现。

针对这一现象,本书引入价值论的相关理论,并以价值论中价值主体、主客体价值关系、价值实践等视角为出发点,对新城风貌规划的价值主体和新城风貌规划价值之间的关系进行深入剖析,提出新城建设中的风貌规划不仅是对新城物质空间形态的规划布局,更是对新城空间文化公共政策的制定与协调统筹。以此为基础,对城市空间文化价值观(即空间文化秩序以及社会公共审美标准)的引导与限定才是新城风貌规划应有的价值追求。

7.1.2 新城风貌规划管理问题症结在于控制理论的局限

在城市发展日趋快速和复杂的今天,城市风貌规划愈发演进成为现代社会一项复杂的城市文化工程。自然地,风貌规划也需要一个独立复杂的管理系统来实施控制,简单依靠数字指标或者单个风貌要素控制的管理方法必然失败。

从城市规划管理的角度来看,人们一般倾向于将城市风貌看作一个具有明确中心结构的一般系统,并强调现行规划管理体系对城市风貌的控制作用。然而,基于一般系统论的新城风貌规划管理往往只能对单体建筑形象起到具体的引导和约束,较为适用于对新城重点区域形象工程的重点管制;对于新城中广大尚未发展成形,或正处于快速建设阶段的一般区域中更为重要的建筑群体风貌问题则会显得有些力不从心。

当下我国的风貌规划实践,多是以系统论为指导理论,通过整体层层化解、逐级分离控制的方法来实现的,这个过程中每个独立的风貌要素会被赋予固定的风貌符号或者特定指标。然而人们对城市风貌的感受,更多源于其与整体环境的交流中,而非对个别风貌要素的辨析。

新城风貌规划管理问题的症结与根源恰恰在于,在繁杂的新城风貌规划控制过程中,试图机械地沿用自然科学、社会科学的传统心法,通过理性主义的量性、质性和风貌要素控制等"一刀切"的管控方法来实现新城风貌的协调与统一。

7.1.3 新城风貌规划乱象的根源在于"结果控制"导向的谬误

传统城市风貌规划管理过程中,规划管理者试图通过规范性、技术性的指标结果把模糊的、高度感性的城市风貌意象转变成精确的空间形态控制,将人们对城市风貌的感性认知高度抽象为理性的空间形态审美表达。基于物质形态控制的"结果导向"的空间规划控制体系构成了当前我国城市风貌规划实施管理的主要方式。然而,基于传统城市规划体系下"风貌总体规划""风貌详细规划"等规划序列所映射的,其实还是"建筑方案-施工图"的建筑设计序列。城市风貌规划是城市文化价值的生成过程,基于刚性量化指标的物质形态控制与本质上属于文化新陈代谢的新城风貌形成过程始终存在着内在的深刻矛盾。

现有城市规划体系下,仅通过风貌导则或者风貌专项规划等单一的技术文件很难完整地解释风貌的诸多特征并预见其未来的发展结果。新城风貌规划同时渗透了规划设计师对新城形态的塑造、规划管理者对规划建设过程的管理干预等不同内涵,因而新城风貌规划所确立的"理想蓝图式"城市构想需要不断地进行动态调整与修正才能得以实现。作为一种动态变化的"过程特征",新城风貌规划的目标也应尽快从对具体化的"风貌结果控制"(物质形态建设)逐渐转变为对"风貌塑造过程"(空间文化价值生成与公共审美协调)的控制与引导。

完美的、"空间蓝图式"的新城风貌规划不能精确地反映并解决高度复杂的风貌问题。事实上当下多数遵循着现行城市规划控制体系技术平台的新城风貌规划实施管理,其偏重于物质空间形象的实效性控制结果审查判定方法,反而带来了新一轮"千城一面"的城市特色趋同危机,某种程度上这正是产生"千城一面"危机的制度性根源。

7.1.4 探索构建符合公共文化管理特征的风貌规划管理新秩序

城市风貌规划管理是场所意义文本化的过程,既反映规划管理者对城市未来空间形态的理性思考,又包含对其价值理性(文化价值)的综合性描述,是一种基于公众意愿的情境愿景表达。作为现代城市治理的重要组成部分，风貌规划管理的系统化秩序（制度）建设意义重大。风貌规划的管理过程也不应仅仅是自上而下、层层分解的对风貌要素的结果性控制；针对风貌形成过程的、从规划文本管理迈向社会行动管理的风貌规划引导，既是风貌规划技术解释的过程，也是风貌规划目标形成的过程。

经过六十多年的发展，我国城市中的特色风貌、公共空间环境品质和城市文化内涵等典型城市问题依旧没有得到很好的解决。原因主要有以下两点：一是现行城市规划管理体系内风貌规划的长时间缺位，以及规划体系在对较大尺度城市地块实施的基于"同一性"和管理简化的"无差别化"风貌规划控制指标设定；二是经济优先的发展思路导致规划权威不断地遭受挑战，并一再向资本和市场让步，这种不均衡状态下，部分建筑师的行为失范直接导致城市形态整体失控。

新城风貌规划是为新城发展提供咨询服务的研究工作，探索的应是新城未来的可能发展方向。另外，风貌规划提供的不是一成不变的蓝图，而是政府在做出发展决策时的参考依据。从技术文件审批扩大到共同行动愿景的风貌规划审批管理，是城市风貌动态发展的结果，也是"新城风貌研究"过程与"新城风貌管理"并存的双向互动过程。风貌规划审批管理由行政管理向公共文化政策的转变，可以大大提升风貌设计内容的约束力。

在现有城市规划管理制度体系下，风貌规划实施基本上是由政府决策来确立的，以规划管理部门为控制主体的自上而下的过程。以此为基础，融入多元主体参与的新城风貌规划审批实施管理模式，可通过不同管理主体之间的互相沟通、反馈，将风貌规划实施管理的过程变成双向互动的、开放的、动态的过程。

以风貌委员会为代表的多元管理主体（包括社会组织）的引入可以大大增强现行管理制度的协调性和弹性。渐进式的风貌规划管理新秩序（制度）构建的背景下，将过程性管理和结果性管理并重的二元管理过程，也必然可以加强风貌规划审批实施过程中对"公共审美""风貌价值""文化内涵"等柔性要素的有效管理，从而在实现"自上而下"风貌传导与"自下而上"实时实地反馈双向结合的同时，推动新城风貌规划真正走向对城市公共文化的"品质管理"。

7.1.5　探索构建差异化的法定风貌规划控制体系

风貌规划控制纳入法定城市规划（城市设计）体系是风貌控制实施的核心途径，也是构建系统的风貌规划控制体系的法律保障。住房和城乡建设部2017年颁布施行《城市设计管理办法》后，正式提出了在我国开展城市设计工作的标准，明确了重点地区城市设计的内容和要求应当纳入控制性详细规划并落实到其相关指标中。通过试点城市推行城市设计，城市设计工作的开展渐趋规范化、并在与法定规划的衔接上有了越来越多探索成果。在我国既定城市规划系统中建立法定风貌规划体系、实现风貌调控系统化的条件正逐渐成熟。

不同规模、不同发展阶段的城市，不可能应用同一套风貌控制标准；单一的风貌规划控制流程（路径），无法应对繁杂城市背景下所有的城市风貌塑造需求。有实效性的城市风貌规划控制体系的建立，不仅需要结合地方文脉、形成符合设计逻辑的风貌规划编制成果，还需要协调地方行政管理条件、提出符合实施现实的风貌规划审批与实施流程（路径）。充满差异的城市风貌规划控制过程是无法一概而论的，往往需要通过地方分权治理的方式实现。2015年修订后的《中华人民共和国立法法》明确规定，所有设区的市都拥有了地方立法权，这也提供了城市风貌规划控制的地方立法基本条件。在国内目前未能建立《景观法》的情况下，可结合《城市设计管理办法》框架，进行城市风貌相关条例的地方立法。

2017年《浙江省城市景观风貌条例》的颁布施行，为地方法定风貌调控体系的建构提供了良好开端。该条例是我国首部省级层面制定的法规性公文，也是我国首部城市风貌专项条例。该条例明确浙江省各地应通过编制和实施城市设计加强对城市景观风貌的规划设计和控制引导，将纳入《城市设计管理办法》中城市设计工作内容的规定作为法定条文；明确了控规应当落实总体城市设计和详细城市设计的相关风貌要求，尚未纳入控规的风貌调控要求，根据城市设计的要求列入；强调应将"列入规划条件的城市景观风貌控制和引导要求"作为建设工程设计方案审查与竣工规划核实的审核条件。

如前文所述，决定风貌规划控制成败的关键正是城市风貌规划成果转化为设计个案的"一书两证"规划设计条件审查环节。要保证城市设计落实时风貌规划的相关要求得到有效施行，关键在于：从总体层面到详细层面城市设计要求的衔接与转化，以及详细层面中调控风貌的城市设计成果应被纳入地块的土地出让、用地规划、建设工程规划的法定条件。例如，在"一书两证"的土地出让条件中加入风貌条款，并落实到建设工程验收环节，一方面让风貌调控不再"浮于半空"，另一方面也使得风貌公共价值转译的实现拥有了基本保障。

7.1.6 从多元参与的角度对新城风貌规划管理提出优化建议

针对我国当前城市风貌规划控制中存在的"控制目标"与"控制手段"不匹配的问题，本书从政府管理主导下多元主体参与的角度出发，对风貌规划编制、审批及实施等重要管理环节提出以下相应的优化建议：

风貌规划编制：

通过将目前纯技术性人员参与编制规划的方式转变为多主体的共同参与，可以有效建立多部门在规划主管部门协调下共同参与规划编制的科学机制，在共同规划中统一目标、统一计划从研究和社会体验的过程引导优化风貌规划编制。规划编制过程不再是基于个别经验的、抽象性预设，转而成为空间文化意义生成的过程和一种对城市未来发展进行"情境"描述的结构化过程。

风貌规划审批实施：

新城风貌规划实施管理的核心目标是多元主体间的利益协同。面对快速开发建设时期复杂的城市风貌问题和多元化的利益博弈，新城风貌规划实施管理需要更加恰当地思考"规划"设计与实施"管理"的关系问题。

风貌规划需尽快与现行城市规划实施体系相衔接，并构建系统的、全面的城市风貌协同实现机制，唯有从法制性、规范性、协同性、社会性、制度性、反馈性等多个方面全面系统地进行实施路径优化和改进，才能提高存量发展时期风貌规划实施管理的整体适应性。从单一中心的行政管理转向政府主导下的多元主体参与管理模式，风貌委员会等专业机构的引入增强了现行风貌实施管理中的"协调性"，过程性管理和结果性管理并重的管理过程，进一步加强了风貌规划对"文化价值"等柔性风貌要素的有效弹性管理。建立不同管理主体对新城风貌文化具体内涵的共识，实现风貌实施管理过程中"自上而下"与"自下而上"的双向结合，方可达到底线与满意度并存的管理目标并确保新城开发建设过程中各方利益的公平与合理发展。

7.2 不足与展望

7.2.1 研究范围待拓展

本书主要聚焦于新城风貌规划控制的研究，对于城市中的旧城区、历史风貌保护区、乡村风貌的规划管理尚未展开全面的研究。

7.2.2 研究方法待验证

规划设计学科以实践为本，但本书得出的诸多结论尚未能在新城风貌规划控制的实践中一一验证。本书既是新城风貌规划控制课题研究阶段的小结，也是下一阶段研究的开始。展望未来，相关理论方法还需要通过实践作进一步的验证研究。

参 考 文 献

[1] [日]池泽宽. 城市风貌设计[M]. 郝慎钧,译. 天津:天津大学出版社,1989.
[2] 沈福煦. 城市文化论纲[M]. 上海:上海锦绣文章出版社,2012:15.
[3] (美)凯文·林奇(Lynch K). 城市意象[M]. 方益萍,何晓军,译. 北京:华夏出版社,2001.
[4] (瑞士)舒尔茨(Norberg-Schulz C). 场所精神:迈向建筑现象学[M]. 施植明,译. 武汉:华中科技大学出版社,2010.
[5] Rapoport A. The Meaning of the Built Environment[M]. University of Arizona Press,1990.
[6] Carmona M, Heath T, Oc T, et al. Public Places-Urban Spaces:The Dimensions of Urban Design[M]. Architectural,2003.
[7] Ewing R, Clemente O, Neckerman K M, et al. Measuring Urban Design[M]. Island Press/Center for Resource Economics,2013.
[8] 任志远. 21世纪城市规划管理[M]. 南京:东南大学出版社,2000.
[9] 李建华,傅立. 现代系统科学与管理[M]. 北京:科学技术文献出版社,1996:19.
[10] 朴昌根. 系统学基础[M]. 上海:上海辞书出版社,2005:110.
[11] 萧浩辉,陆魁宏,唐凯麟. 决策科学辞典[M]. 北京:人民出版社,1995.
[12] 霍绍周. 系统论[M]. 北京:科学技术文献出版社,1988:34-40.
[13] (奥)L·贝塔兰菲. 一般系统论(基础·发展·应用)[M]. 秋同,袁嘉新,译. 北京:社会科学文献出版社,1987.
[14] (美)路易斯·芒福德. 城市发展史:起源、演变和前景[M]. 宋俊岭,倪文彦,译. 北京:中国建筑工业出版社,2005:325,108-109.
[15] 张成福. 公共管理学[M]. 北京:中国人民大学出版社,2007.
[16] Anderson J E, Company W P. Public Policymaking:An Introduction[M]. Houghton Mifflin,2003:135.
[17] (美)戴维·H·罗森布鲁姆(Rosenbloom D H)、罗伯特·S·克拉夫丘克(Kravchuk R S). 公共行政学:管理、政治和法律的途径:第五版[M]. 张成福,刘霞,张璋等,译. 北京:中国人民大学出版社,2002:35-41.
[18] 中华人民共和国建设部令第146号. 城市规划编制办法[EB/OL]. [2006-04-01]. https://www.gov.cn/zhengce/2022-01/25/content_5711996.htm.
[19] 林文棋,武廷海. 变化·规划·情景:变化背景中的空间规划思维与方法[M]. 北京:清华大学出版社,2013:112.
[20] 陈一新. 深圳福田中心区(CBD)城市规划建设三十年历史研究[M]. 南京:东南大学出版社,2015.
[21] 沈亚平. 行政学[M]. 天津:南开大学出版社,2010:2-3.
[22] (德)恩斯特·卡西尔. 人文科学的逻辑:五项研究[M]. 关子尹,译. 上海:上海译文出版社,2013:170.
[23] (奥)路德维希·维特根斯坦. 逻辑哲学论[M]. 贺绍甲,译. 北京:商务印书馆,1996:104.
[24] (美)博蓝尼. 博蓝尼讲演集:人之研究·科学·信仰与社会·默会致知[M]. 彭淮栋,译. 台北:联经出版事业公司,1985:171.

[25] (美)乔治·弗雷德里克森. 公共行政的精神[M]. 张成福,译. 北京:中国人民大学出版社,2003.

[26] (美)戴维·奥斯本,特德·盖布勒. 改革政府:企业精神如何改革着公营部门[M]. 上海市政协编译组、东方编译所,译. 上海:上海译文出版社,1996:329-330.

[27] 唐燕. 城市设计实施管理的典型模式比较及启示[C]//中国城市规划学会. 城市时代,协同规划——2013中国城市规划年会论文集(02-城市设计与详细规划). 清华大学建筑学院城市规划系,2013:11.

[28] 童丹,黄靖云,刘冰冰. 以有效管理为导向的城市风貌管控方法研究——以深圳前海为例[C]//中国城市规划学会,杭州市人民政府. 共享与品质——2018中国城市规划年会论文集(07城市设计). 深圳市城市规划设计研究院有限公司,2018:12.

[29] 尹潘,薛小川,张榜. 城市风貌要素在控制性详细规划中的应用研究[C]//中国城市规划学会,南京市政府. 转型与重构——2011中国城市规划年会论文集. 上海经纬建筑规划设计研究院规划所;济南市规划局,2011:7.

[30] 尹仕美,刘鹏程. 加强城市风貌规划管理,促进新型城镇化可持续发展[C]//中国土木工程学会. 中国土木工程学会2016年学术年会论文集. 同济大学建筑与城市规划学院景观学系;上海中森建筑与工程设计顾问有限公司,2016:9.

[31] 林姚宇,肖晶. 从利益平衡角度论城市设计的实施管理技巧[C]//中国城市规划学会. 城市规划面对面——2005城市规划年会论文集(下). 哈尔滨工业大学深圳研究生院城市与景观设计研究中心;深圳市城市规划设计研究院,2005:8.

[32] 王萍萍. 城市设计价值的实践[C]//中国城市规划学会,杭州市人民政府. 共享与品质——2018中国城市规划年会论文集(07城市设计). 深圳市城市规划设计研究院有限公司,2018:8.

[33] (美)T. W. 舒尔茨. 制度与人的经济价值的不断提高.[C]// 陈剑波译,财产权利与制度变迁——产权学派与新制度经济学派译文集. 上海:上海人民出版社,2003:251-265.

[34] 杨志. 初探城市设计审查制度的实施之路[C]//中国城市规划学会. 多元与包容——2012中国城市规划年会论文集(13. 城市规划管理). 东南大学建筑学院;江苏省城市规划设计研究院,2012:7.

[35] 上海同济城市规划设计研究院. 上海虹桥商务区核心区风貌控制研究——关于风貌控制管理机制和实践路径的探索:Gtz2013036[R]. 2014.

[36] 上海市规划设计研究院. 上海虹桥商务区控制性详细规划[R]. 2009.

[37] 上海市规划设计研究院,美国RTKL设计咨询公司,同济建筑设计研究院. 上海虹桥商务核心区南北片区控制性详细规划暨城市设计[R]. 2011.

[38] 上海同济城市规划设计研究院. 上海虹桥商务区空间特色风貌专项规划[R]. 2012.

[39] 黄琦. 城市总体风貌规划框架研究[D]. 北京:清华大学,2014.

[40] 尹仕美. 城市风貌规划管理研究[D]. 上海:同济大学,2018.

[41] 闫敏章. 总部商务区建筑风貌调查与分析[D]. 上海:同济大学,2017.

[42] 唐晓璇. 城市设计视角下的风貌调控途径比较研究[D]. 上海:同济大学,2019.

[43] 张继刚. 城市风貌的评价与管治研究[D]. 重庆:重庆大学,2001.

[44] 蔡晓丰. 城市风貌解析与控制[D]. 上海:同济大学,2005.

[45] 林云华. 英美城市设计引导研究[D]. 武汉:华中科技大学,2006.

[46] 高源. 美国现代城市设计运作研究[D]. 南京:东南大学,2005.

[47] 王丽媛. 基于可操作性的城市风貌控制研究初探[D]. 西安：西安建筑科技大学，2011.

[48] 刘雷. 控制与引导——控制性详细规划层面的城市设计研究[D]. 西安：西安建筑科技大学，2004.

[49] 李绍燕. 自组织理论下城市风貌规划优化研究[D]. 天津：天津大学，2013.

[50] 吴远翔. 基于新制度经济学理论的当代中国城市设计制度研究[D]. 哈尔滨：哈尔滨工业大学，2009.

[51] 高中岗. 中国城市规划制度及其创新[D]. 上海：同济大学，2007.

[52] 王敏. 城市风貌协同优化理论与规划方法研究[D]. 武汉：华中科技大学，2012.

[53] 侯正华. 城市特色危机与城市建筑风貌的自组织机制[D]. 北京：清华大学，2003.

[54] 陈李波. 城市美学四题[D]. 武汉：武汉大学，2006.

[55] 王剑锋. 城市设计管理的协同机制研究[D]. 哈尔滨：哈尔滨工业大学，2016.

[56] 苏海龙. 设计控制的理论与实践[D]. 上海：同济大学，2007.

[57] 李峰. 城市规划中的不确定性研究[D]. 上海：同济大学，2008.

[58] 曹建春. 当代中国城市规划中的公众参与研究[D]. 上海：华东政法大学，2012.

[59] 许鹏. 城市规划价值论[D]. 重庆：西南政法大学，2010.

[60] 汪玉娟. 街墙表情类型研究[D]. 上海：同济大学，2011.

[61] 冷丽敏. 从指令型管理走向服务型管理[D]. 上海：同济大学，2006.

[62] 杨友军. 公共性视域中的政府职能转变研究[D]. 湘潭：湘潭大学，2011.

[63] 周建军. 转型期中国城市规划管理职能研究[D]. 上海：同济大学，2008.

[64] 肖铭. 基于权力视野的城市规划实施过程研究[D]. 武汉：华中科技大学，2008.

[65] 林隽. 面向管理的城市导控实践研究[D]. 广州：华南理工大学，2015.

[66] 姚凯. 中国城市规划管理制度的革新——基于上海城市发展进程和城市规划管理制度的演进[D]. 上海：同济大学，2003.

[67] 胡雪倩. "管控导向"下的国际弹性控制方法研究及在我国的应用初探[D]. 南京：东南大学，2018.

[68] 杨鸣. 城市规划中公众参与的有效性研究[D]. 广州：华南理工大学，2017.

[69] 中华人民共和国住房和城乡建设部. 历史文化名城保护规划标准：GB/T 50357—2018[S]. 北京：中国建筑工业出版社，2018.

[70] 中华人民共和国建设部，国家质量技术监督局. 城市规划基本术语标准：GB/T 50280—1998[S]. 北京：中国标准出版社，1998.

[71] 中华人民共和国自然资源部，国土空间规划城市设计指南：TD/T 1065—2021[S]. 北京：地质出版社，2021.

[72] 张捷，赵民. 新城运动的演进及现实意义——重读 Peter Hall 的《新城——英国的经验》[J]. 国外城市规划，2002(05)：46-49.

[73] 张松，镇雪锋. 从历史风貌保护到城市景观管理——基于城市历史景观(HUL)理念的思考[J]. 风景园林，2017(06)：14-21.

[74] 张开济. 维护故都风貌 发扬中华文化[J]. 建筑学报，1987(01)：30-33.

[75] 唐学易. 城市风貌·建筑风格[J]. 青岛建筑工程学院学报，1988(02)：1-7.

[76] 金广君，张昌娟，戴冬晖. 深圳市龙岗区城市风貌特色研究框架初探[J]. 城市建筑，2004(02)：66-70.

[77] 王建国. 城市风貌特色的维护、弘扬、完善和塑造[J]. 规划师，2007(08)：5-9.

[78] 马武定. 风貌特色：城市价值的一种显现[J]. 规划师，2009，25(12)：12-16.

[79] 段德罡，刘瑾. 貌由风生——以宝鸡城市风貌体系构建为例[J]. 规划师，2012，28(01)：100-105.

[80] 王敏. 20世纪80年代以来我国城市风貌研究综述[J]. 华中建筑，2012，30(01)：1-5.

[81] 戴慎志，刘婷婷. 面向实施的城市风貌规划编制体系与编制方法探索[J]. 城市规划学刊，2013(04)：101-108.

[82] 何镜堂，WANG Xinshuang. 地域、文化、时代——漫谈具有中国特色的城市与建筑风貌塑造[J]. 建筑实践，2020(10)：26-35.

[83] 吴伟. 塑造城市风貌——城市绿地系统规划专题研究之二[J]. 中国园林，1998(06)：30-32.

[84] 杨华文，蔡晓丰. 城市风貌的系统构成与规划内容[J]. 城市规划学刊，2006(02)：59-62.

[85] 张恺. 城市历史风貌区控制性详细规划编制研究——以"镇江古城风貌区控制性详细规划"为例[J]. 城市规划，2003(11)：93-96.

[86] 俞孔坚，奚雪松，王思思. 基于生态基础设施的城市风貌规划——以山东省威海市城市景观风貌研究为例[J]. 城市规划，2008(03)：87-92.

[87] 杨昌新，龙彬. 城市风貌研究的历史进程概述[J]. 城市发展研究，2013，20(9)：15-20.

[88] Garnham H. Maintaining the Spirit of Place: A Process for the Preservation of Town Character[J]. Arizone，PDA Pub，1985.

[89] Greene, S. Cityshape Communicating and Evaluating Community Design[J]. Journal of the American Planning Association, 1992, 58(2): 177-189.

[90] Taylor N. The elements of townscape and the art of urban design[J]. Journal of Urban Design, 1999, 4(2): 195-209.

[91] 唐子来. 英国的城市规划体系[J]. 城市规划，1999(08)：37-41+63.

[92] 田颖，耿慧志. 英国空间规划体系各层级衔接问题探讨——以大伦敦地区规划实践为例[J]. 国际城市规划，2019，34(02)：86-93.

[93] 凌强. 日本城市景观建设及其对我国的启示[J]. 日本研究，2006(02)：44-48.

[94] 肖华斌，宋凤，王洁宁，等. 日本《景观法》对我国城乡风貌与景观资源空间管治的启示[J]. 规划师，2012，28(02)：109-112.

[95] 刘颂，陈长虹. 日本《景观法》对我国城市景观建设管理的启示[J]. 国际城市规划，2010，25(02)：101-105.

[96] 周广坤，卓健. 更新背景下城乡风貌规划与治理机制研究——以日本实践为例[J]. 城市规划，2021，45(11)：96-107.

[97] 王占柱，吴雅默. 日本城市色彩营造研究[J]. 城市规划，2013，37(04)：89-96.

[98] 金广君. 美国的城市设计导则介述[J]. 国外城市规划，2001(02)：6-9.

[99] 蔡玉梅，高延利，张建平，等. 美国空间规划体系的构建及启示[J]. 规划师，2017(02)：28-34.

[100] 唐子来，付磊. 发达国家和地区的城市设计控制[J]. 城市规划汇刊，2002(06)：1-8.

[101] 卢峰，何昕. 浅析当前我国城市设计的局限性[J]. 重庆建筑大学学报，2006，28(02)：11-13+22：4.

[102] 程明华. 美国城市设计导则的编制与实施[J]. 城市规划学刊，2009(07)：57-60.

[103] 时红斌，刘兆文. 中美两国城市设计实施控制方法比较[J]. 山西建筑，2012，38(02)：4-5.

[104] 高源. 美国城市设计导则探讨及对中国的启示[J]. 城市规划，2007(04)：48-52.

[105] 段德罡, 王丽媛, 王瑾. 面向实施的城市风貌控制研究-以宝鸡市为例[J]. 城市规划, 2013, 37(4): 25-31, 85.

[106] 李晖, 杨树华, 李国彦, 等. 基于景观设计原理的城市风貌规划——以《景洪市澜沧江沿江风貌规划》为例[J]. 城市问题, 2006(05): 40-44.

[107] 张宇星. 从设计控制到设计行动深圳城市设计运作的价值思考[J]. 时代建筑, 2014(04): 34-38.

[108] 叶伟华, 黄汝钦. 前海深港现代服务业合作区规划体系探索与创新[J]. 规划师, 2014, 30(05): 72-77.

[109] 庄宇. 城市设计的实施策略与城市设计制度[J]. 规划师, 2000(06): 55-57.

[110] 张弛. 法定规划体系下目标导向的城市设计管控——以英国为例[J]. 上海城市规划, 2017(04): 119-122.

[111] 吕斌, 陈天, 匡晓明, 等. 城镇风貌管控的制度化路径[J]. 城市规划, 2020(03): 57-64.

[112] 吕晓蓓. 城市更新规划在规划体系中的定位及其影响[J]. 现代城市研究, 2011, 26(01): 17-20.

[113] 赵民, 雷诚. 论城市规划的公共政策导向与依法行政[J]. 城市规划, 2007(06): 21-27.

[114] 赵广英, 李晨. 国土空间规划体系下的详细规划技术改革思路[J]. 城市规划学刊, 2019(04): 37-46.

[115] 黄雯. 美国三座城市的设计审查制度比较研究——波特兰、西雅图、旧金山[J]. 国外城市规划, 2006(03): 83-87.

[116] 刘宛. 设计管理制度——促进更加全面综合的城市设计[J]. 城市规划, 2003(05): 19-25.

[117] 杨戌标. 论城市规划管理体制创新[J]. 浙江大学学报(人文社会科学版), 2003(06): 50-57.

[118] 杨昌新. 主客体关系视域下城市风貌研究述评[J]. 华中建筑, 2014, 32(02): 22-27.

[119] 陈一壮. 论贝塔朗菲的"一般系统论"与圣菲研究所的"复杂适应系统理论"的区别[J]. 山东科技大学学报(社会科学版), 2007(02): 5-8.

[120] 卢文刚. 城市地铁突发公共事件应急管理研究——基于复杂系统理论的视角[J]. 城市发展研究, 2011, 18(04): 119-124.

[121] 李竹明, 汤鸿. 从科学管理到复杂科学管理——管理理论的三维架构与研究范式的演进[J]. 科协论坛(下半月), 2009(03): 144-145.

[122] 周干峙. 城市及其区域——一个典型的开放的复杂巨系统[J]. 城市规划, 2002(02): 7-8+18.

[123] 孙施文, 王富海. 城市公共政策与城市规划政策概论——城市总体规划实施政策研究[J]. 城市规划汇刊, 2000(06): 1-6+79.

[124] 王晓川. 走向公共管理的城市规划管理模式探寻——兼论城市规划、公共政策与政府干预[J]. 规划师, 2004(01): 62-65.

[125] 奚慧. 公共管理视角下的设计控制——城市设计管制型管理方式[J]. 江苏城市规划, 2017(01): 21-26.

[126] 阮松涛, 吴克宁, 刘巧芹. 土地利用冲突与土地价值的博弈与重构[J]. 国土资源科技管理, 2014, 31(01): 123-128.

[127] 唐燕, 吴唯佳. 城市设计制度建设的争议与悖论[J]. 城市规划, 2009(02): 72-77.

[128] 单霁翔. 关于"城市""文化"与"城市文化"的思考[J]. 文艺研究, 2007(05): 35-46.

[129] 姜赟. 让城市成为文化的容器[J]. 决策探索(上半月), 2015(12): 11.

[130] 何尚武. 客家传统文化对"客都"梅州基础教育发展的影响分析[J]. 嘉应学院学报, 2011, 29(03): 5-10.

[131] 徐一超. "文化治理": 文化研究的"新"视域[J]. 文化艺术研究, 2014, 7(03): 33-41.

[132] 托尼·本尼特, 姚建彬. 审美·治理·自由[J]. 南京大学学报(哲学.人文科学.社会科学版), 2009, 46(05): 48-59+143.

[133] Bennett T. Intellectuals, Culture, Policy: The Technical, the Practical, and the Critical (1)[J]. Critical Trajectories Culture Society Intellectuals, 2006, 5: 141-162.

[134] 王志弘. 台北市文化治理的性质与转变, 1967-2002[J]. 台湾社会研究季刊, 2003(52): 121-186.

[135] 王志弘. 文化如何治理? 一个分析架构的概念性探讨[J]. 世新大学人文社会学报, 2010(11): 1-38.

[136] 齐崇文. 公共文化管理的法律之维[J]. 东岳论丛, 2017, 38(07): 101-109.

[137] 常莉. 共同治理视阈下公共文化管理运行基础和路径研究[J]. 西安交通大学学报(社会科学版), 2015, 35(01): 74-78.

[138] 熊节春, 陶学荣. 公共事务管理中政府"元治理"的内涵及其启示[J]. 江西社会科学, 2011, 31(08): 232-236.

[139] 李祎, 吴义士, 王红扬. 西方文化规划进展及对我国的启示[J]. 城市发展研究, 2007(02): 1-7+22.

[140] 万光侠. 社会哲学视野中的效率与公平[J]. 学术论坛, 2001(03): 5-8.

[141] 卢源. 论社会结构变化对城市规划价值取向的影响[J]. 城市规划汇刊, 2003(02): 66-71+96.

[142] Olwig K R. The practice of landscape 'Conventions' and the just landscape: The case of the European landscape convention[J]. Landscape Research, 2007, 32(5): 579-594.

[143] 赵燕菁. 论国土空间规划的基本架构[J]. 城市规划, 2019, 43(12): 17-26+36.

[144] 赵民. 城市规划行政与法制建设问题的若干探讨[J]. 城市规划, 2000(07): 8-11.

[145] 程明华. 芝加哥区划法的实施历程及对我国法定规划的启示[J]. 国际城市规划, 2009, 24(03): 72-77.

[146] 马红, 门闾. 日本《景观法》的立法过程及其实施方法[J]. 日本研究, 2014(03): 56-64.

[147] 沈福煦. 建筑的情态[J]. 读书, 2002(09): 119-126.

[148] 吴伟, 盛临. 城乡风貌规划的"情态"导向探究[J]. 住宅科技, 2014, 34(02): 1-6.

[149] 尹仕美, 吴伟, 李佳川. 上海虹桥商务区核心区风貌规划[J]. 住宅科技, 2018, 38(08): 7-10.

[150] 姜涛, 李延新, 姜梅. 控制性详细规划阶段的城市设计管控要素体系研究[J]. 城市规划学刊, 2017(04): 65-73.

[151] 尹仕美, 肖风雪. 人文精神追求下的城市景观风貌规划策略[J]. 山西建筑, 2018, 44(25): 16-18.

[152] 赵星烁, 高中卫, 杨滔, 等. 城市设计与现有规划管理体系衔接研究[J]. 城市发展研究, 2017, 24(07): 25-31.

[153] 扈万泰, 王剑锋, 易德琴. 提高城市用地规划条件管控科学性探索[J]. 城市规划, 2014, 38(04): 40-45.

[154] 王富海. 以WTO原则对法定图则制度进行再认识[J]. 城市规划, 2002(06): 15-17.

[155] 张爱军. 大部制改革的逻辑困境及化解[J]. 行政论坛, 2013, 20(03): 27-31.
[156] 刘熙瑞, 段龙飞. 服务型政府：本质及其理论基础[J]. 国家行政学院学报, 2004(05): 25-29.
[157] 姚军. "谋"与"断"——市场经济中城市规划管理的控制体制[J]. 规划师, 1998(03): 90-93.
[158] 邓芳岩. 城市规划管理价值异化与对策[J]. 城市规划, 2010, 34(02): 68-73.
[159] 袁奇峰, 扈媛. 控制性详细规划：为何？何为？何去？[J]. 规划师, 2010, 26(10): 5-10.
[160] 杜立柱. 基于公共政策属性的城市设计优化策略[J]. 规划师, 2015, 31(11): 48-51.
[161] 童明. 动态规划与动态管理——市场经济条件下规划管理概念的新思维[J]. 规划师, 1998(04): 72-76.
[162] 李晓林. 从公共服务标准化实践看精细化管理趋势——以北京市公共服务标准化建设实践为例[J]. 中国标准化, 2012(03): 108-111.
[163] 唐子来, 李明. 英国的城市设计控制[J]. 国外城市规划, 2001(02): 3-5+48.
[164] 吕斌. 国外城市设计制度与城市设计总体规划[J]. 国外城市规划, 1998(04): 2-9.
[165] 袁奇峰, 唐昕, 李如如. 城市规划委员会, 为何、何为、何去？[J]. 上海城市规划, 2019(01): 64-70+89.
[166] 肖莹光, 赵民. 英国城市规划许可制度及其借鉴[J]. 国外城市规划, 2005(04): 49-51.
[167] 杨国华, 王永强. 规划管理视角下城市设计导则研究[J]. 城市发展研究, 2011, 18(11): 39-44.
[168] 张康之, 张乾友. 论共同行动中的共识与默契[J]. 天津社会科学, 2011(05): 58-67.
[169] 张国武. 城市规划管理的体制创新初探——以浦东新区建设管理为例[J]. 规划师, 2000(05): 51-54.
[170] 郭湘闽, 刘漪, 魏立华. 从公共管理学前沿看城市更新的规划机制变革[J]. 城市规划, 2007(05): 32-39.
[171] 李程伟. 社会管理体制创新：公共管理学视角的解读[J]. 中国行政管理, 2005(05): 40-42.
[172] Arnstein R S. A Ladder of Citizen Participation[J]. Journal of the American Planning Association, 2019, 85(01): 24-34.
[173] 孙施文. 城市规划中的公众参与[J]. 国外城市规划, 2002(02): 1-14.
[174] 缪艳红, 秦秋兰, 郭凯峰. 失地农民参与城乡规划的实证研究——以安徽省凤台县两个典型村落为例[J]. 安徽农业科学, 2008(12): 4939-4942.
[175] 王青斌. 论公众参与有效性的提高——以城市规划领域为例[J]. 政法论坛, 2012, 30(04): 53-61.
[176] 仇保兴. 从法治的原则来看《城市规划法》的缺陷[J]. 城市规划, 2002(04): 11-14+55.
[177] 侯丽. 权力·决策·发展——21世纪迈向民主公开的中国城市规划[J]. 城市规划, 1999(12): 40-43.
[178] 刘德生, 王悦. 论城市规划执法的内容与程序[J]. 政法论丛, 1994(04): 14-16.
[179] 青岛自然资源和规划局. 青岛市城市风貌保护条例[EB/OL]. [2014-09-29]. http://rdcwh.qingdao.gov.cn/cwhgz_76/lfgz_76/dfxfg_76/202206/t20220617_6166975.shtml.
[180] 新华网. 中央城市工作会议在北京举行[EB/OL]. [2015-12-22]. http://www.xinhuanet.com//politics/2015-12/22/c_1117545528.htm.
[181] 新华社. 中共中央 国务院关于进一步加强城市规划建设管理工作的若干意见[EB/OL]. [2016-2-22]. https://www.gov.cn/zhengce/2016-02/21/content_5044367.htm.

[182] 中华人民共和国住房和城乡建设部令第 35 号. 城市设计管理办法[EB/OL]. [2017-3-14]. https：//www. gov. cn/zhengce/2022-02/04/content_5711935. htm.

[183] 浙江省住房和城乡建设厅. 浙江省城市景观风貌条例[EB/OL]. [2017-11-30]. https：//jst. zj. gov. cn/art/2017/11/30/art_1229134566_536529. html.

[184] 中华人民共和国住房和城乡建设部 中华人民共和国国家发展和改革委员会. 关于进一步加强城市与建筑风貌管理的通知[EB/OL]. [2020-4-27]. https：//www. ndrc. gov. cn/fzggw/jgsj/tzs/sjdt/202005/t20200506_1227549. html.

[185] 上海市人民政府. 关于本市风貌保护道路(街巷)规划管理的若干意见[EB/OL]. [2007-9-17]. https：//www. shanghai. gov. cn/nw16795/20200820/0001-16795_12175. html.

[186] 日本国土交通省. 景观法[EB/OL]. [2004]. https：//www. mlit. go. jp/toshi/keikanhou. html.

[187] 日本茅野市景观建设条例[EB/OL]. [2009-9-29]. https：//www. city. chino. lg. jp/uploaded/attachment/5767. pdf.

[188] AMERICAN LEGAL PUBLISHING CORPORATION. San Francisco Planning Code[EB/OL]. https：//codelibrary. amlegal. com/codes/san_francisco/latest/sf_planning/0-0-0-17747.

[189] San Francisco Planning Department. San Francisco General Plan[EB/OL]. [2010-12-07]. https：//generalplan. sfplanning. org/

[190] The Committee of Ministers Council of Europe. Recommendation CM/Rec(2008)3 of the Committee of Ministers to member states on the guidelines for the implementation of the European Landscape Convention[EB/OL]. [2008-02-06]. https：//rm. coe. int/16802f80c9.

[191] 吕斌. 加强城市与建筑风貌管理，助力美丽中国建设[EB/OL]. [2020-05-01]. https：//mp. weixin. qq. com/s?_biz=MzA3NTE1MjI5MA==&mid=2650786592&idx=1&sn=52c6af7987af4d3ae2f113ac4e66b3d6&scene=21#wechat_redirect.

[192] National Archives of UK. Town and Country Planning Act 1990[EB/OL]. [2016-06-18]. https：//www. legislation. gov. uk/ukpga/1990/8.

[193] 汉典. 氛围[EB/OL]. https：//www. zdic. net/hans/%E6%B0%9B%E5%9B%B4.

[194] 新华社. 国务院机构改革和职能转变方案[EB/OL]. [2013-03-15]. https：//www. gov. cn/2013lh/content_2354443. htm.

[195] Stratford-on-Avon District Council. Stratford-on-Avon District Design Guide[EB/OL]. [2001-04]. https：//www. stratford. gov. uk/doc/175516/name/stratford%20district%20design%20guide. pdf.

[196] 徐苏宁. 上下齐动，共同参与城市风貌的管理[EB/OL]. [2020-05-05]. https：//mp. weixin. qq. com/s/7S0Tm05PgDa5axvZZ7anyA.

[197] 法制日报. 行政指导已成为转变政府职能的"突破口"[EB/OL]. [2007-07-19]. https：//news. sohu. com/20070719/n251151241. shtml.

[198] 成都商报. 遂宁城市总风貌规划师工作半年多 指导近百项目[EB/OL]. [2013-03-21]. https：//e. cdsb. com/html/2013-03/21/content_386215. htm.

[199] 王建国. 中国城市设计发展四十年[EB/OL]. [中国城市设计发展四十年]. http：//www. archiworld. com. cn/a/18903. html.

[200] 新华社. 中华人民共和国立法法[EB/OL]. [2015-3-15]. https：//www. gov. cn/xinwen/

2015-03/18/content_2835648.htm.

[201] 上海市人民代表大会常务委员会. 上海市历史文化风貌区和优秀历史建筑保护条例[Z]. [2002-7-25]. https://cgzf.sh.gov.cn/cmsres/2f/2f73566467ea4ff5859ee83adefcd225/0d61bcf8176e776300082f6ab4997607.pdf.